高等院校「十二五」艺术类专业精品课程系列教材

Res id ent ial

Interior Design and Construction

居住建筑室内设计与施工

王梦林 商晏雯 著

武汉理工大学出版社
Wuhan University of Technology Press

图书在版编目（CIP）数据

居住建筑室内设计与施工/王梦林，商晏雯著.—武汉：武汉理工大学出版社，2011.8
ISBN 978-7-5629-3498-1

Ⅰ.①居… Ⅱ.①王… ②商… Ⅲ.①住宅–室内装饰设计②住宅–室内装饰–工程施工
Ⅳ.① TU241 ② TU767

中国版本图书馆 CIP 数据核字（2011）第 173011 号

项目负责人：杨　涛
责任编辑：杨　涛　蔡明霞
责任校对：吴梦妮
装帧设计：杨　涛
出版发行：武汉理工大学出版社
社　　址：武汉市洪山区珞狮路 122 号
邮　　编：430070
网　　址：http://www.techbook.com.cn
经　　销：各地新华书店
印　　刷：武汉市至和彩印包装广告有限公司
开　　本：880×1230　1/16
印　　张：7
字　　数：252 千字
版　　次：2012 年 1 月第 1 版
印　　次：2012 年 1 月第 1 次印刷
印　　数：3000 册
定　　价：42.00 元

凡购本书，如有缺页、倒页、脱页等印装质量问题，请向出版社发行部调换。
本社购书热线电话：027-87394412　87383695　87384729　87397097（传真）

·版权所有　盗版必究·

高等院校"十二五"艺术类专业精品课程系列教材
编审委员会名单

主任委员：杨永善　国务院学位委员会艺术学科评议委员会委员
　　　　　　　　　　中国教育学会美术教育专业委员会主任
　　　　　　　　　　教育部艺术教育委员会常务委员
　　　　　　　　　　清华大学美术学院教授、博士生导师
　　　　　　鲁晓波　教育部工业设计教学指导分委员会副主任
　　　　　　　　　　中国美术家协会工业设计艺委会副主任
　　　　　　　　　　清华大学美术学院党委副书记、教授、博士生导师
　　　　　　雷绍锋　武汉理工大学教授、博士生导师

副主任委员：(以姓氏笔画为序)
　　　　　　丁肇成（中国台湾）　王安霞　刘永坚　朱明健
　　　　　　张建翔　娄　宇　涂　伟　夏万爽

委　　员：(以姓氏笔画为序)

丁　晓	邓后平	邓　嵘	王珏殷	王梦林	史瑞英
刘小林	刘亚莉	刘　博	刘　辉	朱　华	朱国栋
李学勇	李　蕾	江　锐	邱子庆	邱　红	余庆军
张伟博	张岩鑫	张　健	张　焘	张朝晖	邹　欣
陈　峰	杨鲁新	杨　翼	易西多	郑肖予	周　燕
赵记同	饶　鉴	曹　琳	蓝江平	蔡新元	熊承霞
薛　勇	魏惠筠				

前言

在现代城市建设中，住宅建筑极为重要，而与之相关的建筑室内设计及装修工程更是关系到人们的生存状况和生活质量。它是环境艺术设计学科中重要的学习方向和研究课题。

在以往的大学教育模式中，环境艺术设计应用型教学一直都是借鉴于建筑学与艺术学，这样的教学形式缺乏理性思维，无法使学生顺利完成与社会工作的对接。目前，我国教育政策提倡产业化，招生人数大幅度增长，导致教师资源匮乏，教学脱离实际且应用性不强。本科教育达不到社会对环境艺术设计人才的需求。

基于这些现实情况，本人以自己长期的社会实践工作和环境艺术设计教学工作所积累的实际经验，充分总结了教学与实践二者之间的关系，编著成这部教材，期望它能给学生的系统学习提供指导和帮助。

这部教材是以一个实际案例为框架，从该项目的设计规划开始，介绍该项目的具体调研、反复沟通与修改、预算与施工规划、施工现场的系统管理模式、材料选样及质量、价格的定位、工程制作工艺与流程、质量标准与相关法规。整个过程贴合实际，实用性强，使学生能够参与体验，锻炼沟通与协助能力，并且能深入理解住宅空间中设计与施工的整体过程，为学生日后参与社会工作打下良好的基础。

在编著这部教材过程中，本书得到许多同仁与社会友人的大力支持，同时武汉商王空间环境设计工程公司提供了大量的资料与技术帮助，特别感谢业主给予的大力支持及研究生肖莹颖为本教材倾注了大量的精力，特致以真诚的感谢！

由于时间仓促及本人的学识局限，书中难免会有一些不足之处，真心期望广大读者批评与指正。

王梦林
2011年6月

目录

1 住宅室内设计方法   1
    1.1 设计定位的思考   2
    1.2 设计过程中的互动   3
    1.3 创意与现实的统一   3
    1.4 设计图纸与实际工程的运用   3

2 住宅室内工程施工规划   5
    2.1 住宅建筑内外环境分析   6
    2.2 工程施工管理计划   6
    2.3 材料采购管理计划   7

3 隐蔽工程施工程序   11
    3.1 给排水   12
    3.2 强弱电   13
    3.3 冷暖气系统   14
    3.4 防水   15

4 结构工程施工程序   17
    4.1 土建   18
    4.2 钢结构   18
    4.3 木结构   20

5 面饰工程施工程序   23
    5.1 石膏板   24
    5.2 木质材料   27
    5.3 瓷砖   29
    5.4 石材   31
    5.5 墙纸   34
    5.6 玻璃   40
    5.7 金属板   42

6 油漆工程施工程序   45
    6.1 乳胶漆   46
    6.2 聚酯漆   48
    6.3 硝基漆   49

7 配套工程施工程序   51
    7.1 洁具安装   52
    7.2 灯具安装   56
    7.3 橱柜安装   62
    7.4 铝合金门窗安装   63

目录

    7.5   窗帘安装   64

    7.6   家具安装   65

    7.7   电气工程安装   65

8   科学技术在住宅室内中的运用   67

    8.1   智能型住宅   68

    8.2   安全性住宅   71

9   住宅空间的生态性与自然观   73

    9.1   生态型住宅   74

    9.2   住宅空间生态性的具体表现   74

    9.3   住宅室内设计的自然观   75

附录   76

结语   104

参考文献   105

住宅室内设计方法

[学习要点]
- 区别住宅户型的类别：公寓式住宅和别墅式住宅。
- 注意设计图纸的尺寸与施工现场尺寸相对应。

住宅室内设计用以设计人类居住、生活、学习的室内环境，满足人的物质和精神的需要。住宅室内设计一方面是功能设计，另一方面是艺术设计，是实用与美的结合。它是一门综合性较强的学科，广泛涉及艺术与建筑等各个领域，其作品是艺术与科技结合的产物。

当今社会都在呼唤着室内设计精品，因为它不仅能使建筑增色，满足人们对美的追求，还能发挥巨大的社会功能，展现科学技术的成就。这就要求室内设计师在设计过程中具有精品意识，从总体到单体、从空间到细部、从艺术到技术都需要慎重考虑。应以人为本，做到实用、经济、美观，还应考虑整体生态环境，力求不断创新，使室内设计作品不断进步，最后成就设计精品。

在整个设计过程中，设计方法至关重要。用什么方法才能更好地表达设计思想，不同的时代和不同的人，其标准不同。而在如今的住宅室内设计中，每一项设计都需要采用完整的、合理高效的设计方法，才能创作出具有创新特色和文化底蕴的作品。

1.1 设计定位的思考

"家"的内涵包括了历史文化、风俗习惯、宗教信仰、自然环境等丰富的元素，因此，在考虑住宅室内设计时，就应持多方位、多角度、多层次的思维方法，才有可能为居住者做出优质的作品。

在这个物质文明与精神文明高速发展的时代，家的概念也是不断发展与更新的。侨居海外的游子，常因怀念着家乡的温馨而落叶归根；背井离乡者，也常因思家而归。因此，在住宅室内设计中针对不同的居住者所做出的设计定位，是创作的主要根据，同时也是衡量家庭装修好坏的重要标准。

设计定位应是多方面的，可依靠地理、人文、心理需求将使用者的理想空间变为现实。如设计目标的户型定位、使用人群的职业定位、使用人群的类别定位以及预算定位等。

（1）住宅的户型定位
①公寓式住宅
公寓式住宅大部分是高层，每一层内有若干单户独用的套房，包括卧室、起居室、客厅、浴室、厕所、厨房、阳台等。按建筑形式可分为平层户型、跃层户型、错层户型、复式户型。

a 平层户型
平层户型又叫单平面层户型，是指所有的住宅功能位于同一平面上的户型，是应用最广的户型形式，其最大优势在于所有功能都在同一平面上，因此它是最经济的户型，同时也是无障碍户型。

b 跃层户型
跃层是指套内空间跨越两层楼及以上的户型，各层之间相对独立，最大优点在于动静要求不同的区域可以分布在不同的平面层上，避免了卧室易受干扰等问题，给予人与别墅同样的感受。

c 错层户型
错层户型主要是指房子不处于同一平面，即房内的客餐厅、卧室、卫生间、厨房、阳台处于几个高度不同的平面上。其特点是"静态"与"动态"相结合，用3~7步楼梯进行空间隔断。

d 复式户型
把单元住宅的房间置于两个或两个以上平面层上就形成了复式户型。它与跃层的最大区别在于拥有一个或几个房间是贯穿两层的通透空间。复式户型除了具备跃层的优点以外，还具有良好的视觉效果，给人丰富的空间感受，便于观赏室外景观，客厅采光好，显气派。

②别墅式住宅
a 联排别墅
联排别墅是指每户独门独院，设有1~2个车位，还有地下室。由三个或三个以上的单元住宅组成，一排2~4层连接在一起，每几个单元共用外墙，房屋外形结构有统一的平面设计和独立的门户。

b 独立别墅
独立别墅即独门独院，上有独立空间，下有私家花园领地，是私密性极强的单体别墅。别墅的各个方位都是独立空间，一般房屋周围都有面积不等的绿地、院落。

综合来说，不同的住宅户型针对不同的居住人群，住宅室内设计师在针对户型作定位分析时，不仅需要了解其属于哪些类别，更重要的是了解该户型的具体构造，才能更好地将自己的设计发挥出来。

（2）使用人群的职业定位
对于大多数人来说，住宅的使用空间是相似的，比如客厅、餐厅、卧室、书房、厨房和卫生间等。但是针对一些不同职业的人，他们可能对住宅会有一些特殊的要求。例如，绘画艺术家可能需要一间画室；音乐爱好者可能需要一间有隔音功能的视听空间；体育爱好者可能需要一间活动室等。所以在设计之初，有必要对使用者的职业进行分析和定位。

（3）使用人群的类别定位

家是一个私密的空间，是人们心灵的港湾。在设计时，对使用人群需要进行特殊的考虑，比如儿童、老年人、残障人士、孕妇以及短期的病患者。

① 儿童

在已经拥有儿童或者即将拥有儿童的家庭中，设计师应从住宅的细节上着手考虑，尽量避免儿童在家庭生活中受到伤害。在客厅等公共活动区域，不使用大面积的玻璃材料作为装饰，家具的转角尽量使用圆角，避免碰伤儿童；在卫生间和厨房内，将各类电器开关、冷热水开关等设计安装在儿童碰不到的地方；使用无毒环保的墙面涂料和油漆。

② 老年人

由于老年人体质较弱，对天气以及外部环境的抵抗力降低，因此他们留在家里的时间会比外出的时间多，相对安静和舒适的住宅生活环境对于老年人来说十分重要。首先，门、窗及墙壁需要做好隔音，其次，墙面应减少装饰物，地面采用防滑且平整的材料，顶面的照明度要高。

③ 残障人士

许多适合一般人使用的器具和家具，都不适合残障人士使用。比如门的宽度、厨房工作台的高度、家具的高度、卫生间中浴室和马桶边的扶手等，这些都要针对残障人士设计。

不适宜的住宅室内装修，往往是在设计之初，设计定位不明确而造成的。设计定位的重要性显而易见，应引起广大住宅室内设计师的关注。

1.2 设计过程中的互动

在住宅室内设计的过程中，设计师与使用者的互动是必不可少的。由于使用者的职业性质、文化层次、审美观点、业余爱好、家庭组成不同，风俗习惯以及经济水平等不同，在对住宅室内装修上也会存在差异。这就需要设计师与使用者不断沟通与交流，这样才能更好地将使用者的需求完美地融入设计当中，最终达到较好的效果。

在互动的过程中，会出现一些意见上的分歧。例如在选择木板材质时，不同的人对复合地板和实木地板就有许多不同的看法，有的认为实木地板纹理自然、松软舒适、防滑安全；有的则认为复合地板远比实木地板优越，主要是其具备木纹质地均匀、耐磨防潮性强、不需涂漆打蜡、安装方便快捷、不易变形隆起等特性，一般价格比实木地板低，符合大众的生活水平，还可以节约大量的木材资源，被不少人认可和选用。再如地面上是选择石材还是地毯的问题，也有不同的看法。石材、瓷砖之类的装修材料属硬质面材，其优点是耐磨光滑、色泽美丽、清洗方便等，但它存在着不少的弊端，如过于光滑易跌倒伤人、过于豪华有失居住气氛、中老年人或有的病人会感觉冰冷。而地面铺设地毯，优势是松软隔音、舒适大方、整体性强等，但它不易清洗，易藏虫纳垢。使用者可根据自己的需求选择。

综上所述，住宅室内设计所涉及的问题是复杂多样的。在设计过程中的互动显得尤为重要，设计者应从实际出发，加强分析，借鉴经验，才能够创造出符合使用者需求的优秀作品来。

1.3 创意与现实的统一

住宅室内设计需发挥创作主体的创意以及相应的艺术表现技巧。人们总是希望设计师为自己设计的家是独一无二的、具有非凡创意的。但摆在我们面前的问题是，在考虑住宅室内设计时，怎样处理创意与现实的关系呢？单纯地追求所谓的创意，是不可取的。

在室内设计创作中，活跃的思路不能受某种固定形式的束缚。例如在追求清新淡雅的居住气氛时，就应大胆地摒除繁琐的装饰纹样，在组合上采用简洁的线、面、体重构装饰空间；在色彩上选用清新淡雅的中间色调；在质感上表现其光滑与粗糙的特性；再加上合适得体的饰物，如窗帘、盆景、雕塑、绘画、壁挂、灯具等。这些都是体现室内设计内涵的手段，以此理念与手法作为依据，装饰形式会自然地脱颖而出，何必拘泥于创意的框架呢？

世界闻名的建筑师赖特认为："住宅不是陈列品，也不是地位的象征，而是审美和功能统一的环境。"他将住宅设计提高到环境艺术的境界。但目前许多室内设计师与装饰公司都没有这种意识，还停留在"有了房子就要装饰、装修，有个效果图就可施工，没那么多讲究"。这样是不可取的。

1.4 设计图纸与实际工程的运用

住宅室内设计的图纸应符合国家各项规范和政策；应满足使用者安全、健康、舒适的基本需求；应满足建筑设计中关于水电、照明、采暖、通风、隔声、节能、智能、环保、防火、安全和合理使用等规范和技术要求；应符合建筑材料、构造及施工技术等标准和要求。住宅室内设计师应为使用者创造一个具有文化价值、安全舒适与和谐的生活环境。

室内设计图纸规范如下：

（1）方案设计图纸应包括：封面、目录、方案设计说明、原始勘测图、平面设计图、主要创意或重要部分的效果图（表现手法不限）、根据需要或双方商定的其他立面创意图。所有图纸应制作成A3的标准文本，并须有设计师、企业的签字或盖章。其中效果图可在业主付清方案费后交付（也可根据协议双方具体的价格、程序和收费步骤情况商定于施工图制作过程中出具）。

（2）方案设计说明中应明确主要空间的创意特点，主要面材的材质、色彩、灯光运用及其他系统的解决方案与设想，还要根据装饰设计所涉及范围的造价估算。

（3）住宅施工设计图纸应包括：施工设计说明、各房间的立面设计图、剖面图、节点详图、强电平面布置图（照明、开关、插座等）、弱电平面布置图（音响、网络、电视、电话等）、智能化控制的平面布置图、供水平面图及其相应的系统图与排水走向示意图，还应具备现场制作家具与厨具的设计图、主要装饰材料配置表及预算表。

（4）施工设计说明中（或图中）应明确施工的技术要求，应明确设计范围内已考虑的或界定业主自购或后配的家具、家电等设备的数量、尺寸规格和容量（如电容量）、色彩等要求。

（5）原始勘测图必须详尽，明确表述原始房型及其固有特征、原有装饰、原墙体内部尺寸、门窗台尺寸及高度、上下水管位、煤气管位、供排气管位、坑管、地漏、空调孔洞、排送风口位、配电箱（电、水、气、表等位置）、各房间地面和梁底的净高及原建筑结构类型（框架、砖混）和建筑特征（如建筑面积、建造年代、建筑形式等）。

（6）凡有拆改承重墙体、门洞，或变更坑位，或其他政府有关部门明令禁止和限制的行为，或可能会影响房屋结构安全的拆改建项目，均须经住宅主管部门的书面批准或经有设计资质单位审核同意后才可正式出图，否则当设计未能实施或在没有保证安全使用的情况下，设计师和设计企业应负相应责任，并免费重新设计。

（7）施工图设计的正投影图应该遵循国家有关建筑制图规范和家具制图的标准。尺寸、标高、建筑与设备的图例、图幅规格、图标、线号及详图的索引均应符合相关制图标准的要求。

（8）在方案设计效果图上，设计师应依据自身特点灵活运用多种表现手法，充分表达设计师的创作思想和成果，促进与业主的交流。

思考题

1．通过市场调查及资料收集，理解住宅形式的各种类型，并熟知各类户型的设计要求和目的，记录自己的体会。

2．在老师的指导下，仔细了解一整套住宅室内设计图纸，采取在施工现场与项目经理交流的方式和针对图纸讨论的形式，深入了解设计图纸与施工要求之间的联系。

2

住宅室内工程施工规划

[学习要点]
- 了解住宅室内工程施工规划的书写格式及管理步骤，了解施工现场工程施工管理计划。
- 掌握室内工程施工规划的重要性及其实际意义。

2.1 住宅建筑内外环境分析

"住宅与居住的环境"一直是人们很关心的问题，也是一个普遍存在的问题。随着生活水平的不断提高，人们开始越来越多地关注这个关系到人们身心健康的问题。长久以来，人们一直都在力所能及的范围内精心设计着自己的居所，而它却在设计工程中受到多方面的制约，如生产力水平、建筑技术、建筑材料、生活习俗、宗教信仰等。尽管受到客观条件的制约，人们仍然积极发挥自己的主观能动性，努力改善自己的生活环境。

住宅建筑内外环境之间的关系是室内设计师研究的重点，只有正确地了解和把握建筑与其外部空间及内部环境之间的关系，才能设计出符合人们要求的居住场所。

住宅环境是否有利于人们的心理和生理健康，是人们密切关注和着重解决的问题，这就把小区绿地、公共休闲广场等设计思路引入到我们的设计。近几年来，由于居住商品房的急剧发展，公寓住宅与环境紧密结合的好作品不断涌现，在一定的程度上满足了人们新的要求。住宅与居住环境的和谐虽然已被广泛地提及，但从目前的情况看，并没有实现真正意义上的住宅与环境的和谐统一。要达到这一统一，需要经过综合的、多方面的考虑。

住宅建筑内外环境分析包括：

（1）地段环境分析：气候条件、地质条件、地形地貌、景观朝向、周边建筑、道路交通、城市方位、市政设施、污染状况等；

（2）人文环境分析：城市性质、规模和地方风貌特色；

（3）住宅建筑规划条件分析：容积率限定、绿化率限定、消防通道设置、停车位要求等；

（4）住宅水电设备管线资料分析：住宅内已经完成给水、排水、电线、冷暖气设备等。

2.2 工程施工管理计划

工程施工管理计划是规范和指导工程从施工准备到竣工验收过程的综合性技术经济文件。

本书以××别墅室内装饰工程的工程管理计划为例进行说明。

（1）工程综合说明

①概述

a 编制说明

本《工程施工管理计划》为××别墅室内装饰工程的施工组织设计，是规范和指导该项工程从施工准备到竣工验收过程的综合性技术经济文件，目的是使该项目施工全过程中按科学规律组织规范施工，有计划地开展各部分项工程的施工，及时做好各项施工准备工作，保证各种资源和劳动力的及时供应；协调各工种间的时间安排，保证施工的顺利进行，按期保质完成施工任务，特制订本施工管理计划。

b 适用范围

本《工程施工管理计划》适用于一层客厅、前厅、司机房、父母房客厅和卧室、过道、餐厅、厨房、保姆室、棋牌室、健身房；二层男孩书房和卧室、客房、女儿房、主人房书房和卧室、卫生间的室内装饰工程。

c 编制资料

本《施工组织设计》参照下列文件资料编制：

- 《××别墅室内装饰工程设计图》
- 装饰行业现行国家标准、施工规范和本企业的施工标准

d 修订与协商

本《施工组织设计》由编制单位负责解释，文中任何项目的修订由编制单位与有关单位协商解决，修订部分应作为附件，并经协商单位共同签署，所修订文件按日期顺序与本方案一同装订备案。

②工程概况

本别墅位于武汉市，总建筑面积1125m^2，室内精装修面积约1000m^2。

精装修设计单位：武汉商王空间环境设计工程有限公司

③工程内容

别墅全套室内装饰装修。

④施工环境与现场条件

土建施工已结束，施工水电接驳点已预留。现场已具备装饰施工条件，且交通便利。

⑤工期要求

自2010年6月3日至2010年12月24日。

（2）施工组织部署

①施工组织部署

工程设计公司为该项目组织了一支优良的队伍。队伍包括项目经理、助理项目经理等。当收到业主处所发出的

准许进场的通知以及相关设计图与资料后,立刻合理安排工地施工作业。若在此期间收到其他补充资料,如设计变更,则会按照补充资料进行安排作业。材料方面,按照规定呈交审批,根据进度计划表编定日期,准备有关的材料资料,例如技术说明书、试验报告、相关证明文件等,待获得批复后,即可安排订购手续。

②施工管理机构

我公司将以业主的要求为准,快速、优质地完成精装修工程,为此我公司选派技术好、素质高、能力强、精装修经验丰富的管理人员进驻工地。

为强化管理,项目部下设:计划调度、工程技术、质量监督、安全监督。

施工管理机构职能划分:

· 工程项目部

工程项目部由公司管理人员、技术人员、财务人员组成,全面负责工地的组织管理工作,协调公司与甲方关系,解决工地现场出现的所有问题。

· 工程总指挥

工程总指挥由公司工程总监或副总监担任,对工作项目全面负责。

· 项目经理

项目经理由工程总指挥选定,负责与甲方进行工程总协调,对工程中的人、财、物进行总安排、调度。

· 工地管理

项目经理长驻工地,对工地的人、财、物及施工质量、施工进度、施工安全进行总管、监督并检查工程的质量,把握工程进度;发现不安全因素及时解决;发现工程质量问题及时处理。

· 技术监理

装饰工程技术人员负责泥工、木工、油漆工的技术交底,水电工程技术人员负责水电工的技术交底,对施工进度、质量负责。

· 设计监理

设计监理要对施工过程中设计的变更、图纸不合理的地方进行指出,并作出合理的修改;监理现场的施工与图纸的设计是否相符,负责与甲方协调设计上出现的问题。

· 资金管理

资金管理人员要对工程项目各项资金的使用、收入和分配进行预测、控制、计划、核算、分析并考核,保证工程款专款专用,合理调配。

· 日常事务管理

日常事务管理人员负责监督工地、工人住宿的防火安全;财物的安全;车辆的调度;所有档案资料的存放、整理以及协调工程项目部与甲方的联系、统计考勤。

· 材料供应

材料采购、验收、出、入库,按要求保证货物质量和供货时间以及存货安全。

· 财务人员

财务人员须记清各科账目,办理借款(现金、支票)手续、报销手续,按时做好各类报表及材料清单。

③施工进度计划及管理

a 按照总承包所发出的施工总进度表内容,新编制一份有关精装修的施工进度表,并于每月月底前,提交下月施工进度表,以监察施工进度。

b 制定出施工进度计划后,如果没有其他外界因素影响,必须按照原定计划监察,由工地项目经理安排项目工程师、工程监理等巡视工地,发现有拖期现象,马上组织安排加强力度,按正常工期进行施工。

c 各专业工程师、工程监理和技术指导会定期向工地项目经理汇报工程施工进度及工作情况,工地项目经理会将结果报告工程总指挥,以便及时配合协调管理。

d 每周向发包方提交一份报告,详细说明精装修的各项进度,并告知发包方现场材料的使用情况、机械情况等内容,及时得到发包方工作的支持。

④施工流水段的划分

本室内精装修工程需依据现场的实际条件和土建交接时间、精装修工作量、工期、劳动力等方面,合理排定施工顺序和流水方向,减少工程中的穿插,避免互相制约,使各专业工种形成一条流水施工线。先水电后装修,避免劳动力高低峰、原材料进出场不平衡,最大限度利用机械设备等手段使工程处在均衡、连续、有节奏的施工中。

⑤计划工期的管理

为了更好地把握住精装修全过程,顺利实现预定的工期目标,必须加强施工计划管理,做到人尽其力,物尽其用,以优质、低耗、高速获得最佳的经济和社会效益,本工程建立工期计划动态管理模式,以业主需求为目标,控制关键工序,通过信息反馈,掌握工程进度,对计划执行全过程实行系统性的有效控制,使工期按时达到目标。

2.3 材料采购管理计划

根据该工程的特点,我们经过对材料市场的调查,对施工材料作如下组织安排:

(1)购料渠道

①石材、板材、油漆、地毯、瓷砖、灯具、洁具等品牌材料直接联系国内厂家按设计方案所指定的产品要求进货。

②其他辅料（腻子粉、钉子等）由公司材料部按规定组织进货。

（2）购料方式

本工程共安排2个材料员。为确保材料按时按量供应，采购员除具备丰富的经验外，还必须与项目经理、设计师紧密配合。设计师及发包方主管人员认可后方可采购。若由于图纸的变更，预购买的材料发生变化，采购员要及时调查，熟悉市场行情；对当地缺乏的材料，要预备充分的时间到外地采购，以免延误工期。

（3）材料堆放及管理

购入的施工材料可堆放在现场临时设置的仓库内，材料的购入及发放都必须经过仓库员的审核验收。仓库员要及时作好材料的购入、发出及剩余数量的清算工作，以避免滥用材料重复购料。材料的采购要有专人负责，确保质量。

图2-1～图2-5的别墅效果图供学生学习借鉴，并附施工图见附录。

思考题

针对一个100m²的住宅，编制一套设计与施工的方案。

图2-1　别墅部分完工效果图（1）

图2-2 别墅部分完工效果图（2）

图2-3 别墅部分完工效果图（3）

图2-4 别墅部分完工效果图(4)

图2-5 别墅部分完工效果图(5)

3 隐蔽工程施工程序

[学习要点]
- 区别强电和弱电的概念，掌握强弱电在图纸中的表达方式以及施工中的安装方式。
- 区别给水和排水的概念，掌握给排水在图纸中的表达方式以及施工中的安装方式。
- 掌握给排水工程中关于防水的问题。

所谓"隐蔽工程"，就是在装修后被隐蔽起来，表面上无法看到的施工项目。虽然这些"隐蔽工程"都会被后一道工序所覆盖，但是它们是工程的重要组成部分，比如水电、采暖、制冷和防水措施等。室内隐蔽工程的质量水平对于提高人们的生活质量、生活效率，丰富居室的生活内容，减轻体力劳动和广泛地接触外界等方面十分必要。

这些与人们日常生活息息相关的"隐蔽工程"，应该提醒室内设计师的注意，因为室内设计师的责任不仅仅是创造一个良好的视觉环境，更重要的是还要创造一个高质量的室内物理环境。

3.1 给排水

一切生命活动都起源于水。水在人们的生活中用途十分广泛，人们用它来饮用、擦洗、灌溉、消防等，是日常生活中的必需品。在给排水工程中，室外给排水工程是为室内给排水工程服务的，室内外给排水工程相互关联、相互影响。需求与供给本身就是一对矛盾，给排水工程技术人员就是要利用自己的知识与技术解决这一矛盾，从而经济、合理地满足人们生产、生活的用水要求。

室内设计师应尽量减少修改排水管道，在不可避免的情况下，应首先注意保护好水源不受污染，最好在施工前向给排水设计师咨询，这样更能保护使用者的身体健康和使用安全。

（1）给水

给水系统的任务是保证水质、水量和水压。给水管道布置原则是在保证供水安全、方便的前提下管线布置缩短，同时也要便于施工、方便检修和满足美观的要求。

给水系统从室外给水管处引水，靠水压作用，经配水管网，以各种方式将水分配给室内各个用水点。在住宅室内装修过程中，常会出现用水点位置不正确或不足的情况。

以本书中主人房卫生间为例（图3-1、图3-2），除了普通卫生间内的座便器、洗脸盆和淋浴间以外，还有小便池、浴缸、桑拿和热水器用水点。用水点的增加需要重新铺设管道。适当增加管径能降低给水管供水时的噪声。在洗衣房中，洗衣机等用水设备的给水龙头要注意安装高度，应高出其顶部，以免污染水源。

目前装修常用的做法是管道暗装，在墙壁装饰之前，将管道及固定架安装好，使安装完的墙面整洁美观，安装在墙内的水管不应有接头，并要做水压测试，以免在墙内产生渗漏。

（2）热水

在室内盥洗、洗涤器皿等方面都需要热水。热水供应方式分两种。第一种是局部供应，由单个的燃气热水器或电热水器制备热水，供个别浴室、厨房使用。第二种是集中供应，集中制备热水，再输送到各使用点。

热水配水管网主要有两种。第一种是单管式。只有供水管，没有回水管。优点是系统简单、造价低；缺点是用水时，必须将管道内停留的冷水放完才有热水。在管路短或连续用水的情况下采用这种系统较为合适。第二种是循环式。除供水管以外还设有回水管。热水由加热器经供水管供给各用水点，又经各用水点的回水管返回水加热器。这样，在各用水点随时都有热水可用。

在本书别墅案例中，一楼和二楼的卫生间共有11个，

图3-1 给排水工程施工现场（1）

图3-2 给排水工程施工现场（2）

每个卫生间都需供应热水（图3-3）。别墅内采用的是水暖设备，在平日不需要取暖时，此设备可以供给热水，故不需要考虑热水器的安装位置等问题。

（3）排水

室内排水工程的任务就是把在生活中产生的污水和废水及时迅速地排放到室外排水管网中去，以保证环境卫生及使用方便。

给水一经使用，即被污染。其用途不同，所受到的污染程度亦不同。排水分污水和废水，通常我们说冲洗厕所的排水为污水，洗浴后的排水为废水。

室内生活污水的排水系统由通气管、排水管、排水立管和排出管组成。通气管的作用是不使污水管内形成压力破坏存水弯的水封。连接排水设备的排水管一般在地下或地表、楼板下，沿墙、柱角埋设。排水立管应靠近杂质最多的排水点，一般在墙角、柱角，或沿墙柱设置。立管应避免穿越卧室以及其他对舒适度要求较高的房间。排出管管线应最短，尽量避免转弯（图3-4）。

为了防止排水管道中的臭气由卫生器具等的排水口进入室内，在排水口以下或在器具构造内设存水弯。即每次冲洗器具以后，在袋状弯管内存留一部分水，形成深约50mm的水封，防止臭气漏出。

在住宅室内装修中，要尽量减少改变排水口位置，如无法避免，应做好防水的处理工作，以免对使用者的生活造成不便。

3.2 强弱电

（1）强电工程

强电工程中通常选用220V的单相交流电，也有个别的选用380V的三相交流电。强电工程包括照明线路、空调线路、加热器线路等用电设备线路的选择和配套的备用插座、管线的铺设、安装与连接，漏电保护的安装，控制面板的安装，测试与检查（图3-5~图3-7）。

图3-3 太阳能热水机组

图3-4 给排水工程

图3-5 强弱电工程的铺设连接与安装（1）

图3-6 强弱电工程的铺设连接与安装（2）

图3-7 强弱电工程的铺设连接与安装（3）

（2）弱电工程

弱电工程是指电话、音响、宽带网、有线电视等管线的安装。其中内容有：管线、接插件与接头的选配；管线的独立铺设、安装与连接；测试与检查。

（3）用电考虑

电器设计应确保足够的用电量，并考虑今后的用电需求。室内设计师的责任在于依据空间所规划的功能、家具与设备的配置以及业主的需求，在最方便合理使用之处配置插座与出线口。每个房间都必须要有足够的插座，避免明插座和外接线。一般的小房间至少需要在离地板高40cm处配置两个以上的插座，两个插座的距离最好不要大于3m。在餐厅中，任何一点到插座的距离要在2m之内。在厨房里，包括水槽等工作台面的上方，都应配置1~3个插座，并且另外设置插座供电冰箱、微波炉、消毒柜、饮水机、电饭锅使用。在洗衣房里，则需要在距离地板面1~1.2m处留设供洗衣机和干衣机使用的接地插座。在浴室的卫浴设备与洗脸台上方，也需要设置接地插座。浴室中的接地短路器设有一个十分敏感的漏电保护装置，可以避免因为离插座、出线口太近的水所产生的电击现象。开关和插座应该避免配置在一道长墙的正中央，因为那里可能会放置大型的家具（床、沙发、书柜等）。在走廊上也要配置插座，供清洁器具（吸尘器）之用。在建筑规范之中，对大多数的用电需求都有所规范，室内设计师必须充分了解并熟悉这些规定，并为电器产品预留插座。

开关应配置在走廊与楼梯的末端及房间的入口处，并在房间和楼梯之间设置双向开关以便多方向的使用，让使用者在进入房间之后即可开灯，省去了来回走动的不便。每间房的门锁旁离地面1.2m之处，必须设置至少两个灯的开关。开关不可以配置在门的后方；在很暗的房间中，可以采用具有灯光指引效果的开关。

3.3 冷暖气系统

冷暖器系统对调节室内环境起到十分重要的作用。因为人们希望室内的温度和湿度能时刻保持在舒适的范围内，所以多数情况下进入室内的空气都必须经过湿热等处理。采暖和空调的问题主要是由建筑师和设备工程师负责，但室内设计师也必须了解其技术特性以及系统的安装方式，只有这样设计师才能给予业主正确的建议，这对一个成功的室内设计作品十分重要。

3.3.1 采暖

家庭采暖系统及所选用的散热器种类很多，随着人们生活的改善，以及对室内装饰要求逐步提高的同时，采暖系统及散热器形式的改善与发展，对设计人员提出了新的要求。

（1）冬季室内的热量可由下列方式获得：

①来自壁炉或燃木（煤）火炉中的热量；

②来自电热器的热量；

③来自燃油炉的热量；

④电热膜辐射热量；

⑤以锅炉的热水或蒸汽为热媒的散热器或地板辐射采暖系统的热量。

（2）热量可以经由三种方式传导至室内空间：热对流方式、热辐射方式、热传导方式。

（3）主要采暖系统有以下几种：

①普通热水采暖系统

采暖系统一般为垂直单管系统、双管系统或单双管系统，每个房间或两个房间设一根明装立管，立管位于房间转角处，散热器设在外窗中间。普通明装散热器会影响整个房间的美观，随着人们对建筑装饰标准的提高，目前大多为明装散热器做个暖气罩。但是暖气罩会占用房间的使用面积，而且使其散热量减少约20%。

本案使用热水采暖和空调采暖相结合的采暖方式（图3-8、图3-9），将室内的温度始终保持在舒适的状态。在顶层设备层中，安装太阳能热水器机组，平日可用此机组生产热水，冬季可使用此机组生产的热水供暖。

图3-8　热水采暖系统（暖气片）　　图3-9　空调采暖系统（中央空调）

②地板辐射采暖系统

采用地板辐射采暖能够有效提高居室的舒适度。该系统可以减去室内的明敷管道及散热器，是一种较理想的采暖形式。地板辐射采暖对施工要求较高，难度较大，必须严格按照程序施工。

③热风采暖系统

热风采暖是使用设在地下室内的暖风机将室外的冷空气加热后，经设于墙内的风管送到卧室、起居室，这部分空气分别再经过厨房、卫生间，排至室外，是一套完整的通风系统。一般卧室、起居室换气次数为每小时2次，以保证人们在冬季拥有足够的新鲜空气。这种形式初投资费用高，运行费用也高于其他形式采暖系统，在欧美的别墅建筑中广泛使用，在我国尚不多见，相信在不久的将来会逐渐发展。

④挂镜线或踢脚板式散热器

挂镜线或踢脚线式散热器是一种特制铸铁散热器。一般在房间挂镜线2.5m高处，安装高约8cm、宽约3cm的镜线散热器；或在踢脚线处，安装高约8cm、宽约3cm的踢脚板散热器，看上去就像是普通的挂镜线或踢脚线，在室内看不到管道也看不到普通散热器，这样可以增大室内的有效使用面积。这种采暖系统采用水平串联系统，可在每户设置一套采暖系统，用热流计费，有利于物业管理及节省能源。这种系统在北美已经被采用，在我国尚不多见，具有很高的开发价值。

⑤发热电缆与电热膜采暖系统

发热电缆的供热原理类似于地板辐射采暖，而电热膜则通常结合房间的吊顶布置，采用较先进的电热膜发热技术加热室内空气以达到取暖目的，其热效率远高于普通电暖气类设备。电热膜不占用室内空间，而且使用安全，因此在新型采暖设备中具有一定优势。

3.3.2 空调

中央空调系统由主机和末端系统组成。按负担室内热湿负荷所用的介质可分为全空气系统、全水系统、空水混合系统、冷剂系统。

本案采用的空调设备为全空气中央空调系统（图3-10、图3-11），它是最理想的空气调节设备。第一，经济节能，主机由微电脑控制，每个区间末端风机盘管可自行调节温度，区间无人时可关闭，系统根据实际负荷作自动化运行，有效节约能源和运行费用。第二，环保，整个系统为密闭式管路系统，可避免霉菌、灰尘等杂质对系统的污染，使环境清新，特别适于高档的公共建筑和住宅使用。第三，个性化十足，中央空调系统以区间为单元，可满足用户不同区间的需求，室内末端安装采用暗藏方式，不影响室内的美观，适应用户的个性化需求。但由于中央空调管道截面尺寸较大，一般占用顶面30~60cm高度的空间，对顶的装饰造型有所限制。另外，设有中央空调的建筑物一般需要安装自动喷淋系统和烟雾报警系统，进行天花设计时应综合考虑。

3.4 防水

防水是住宅室内工程中非常重要的一个环节，它与其他隐蔽工程一样，在装修时容易被忽视。室内防水工程指的是建筑室内卫生间、厨房、浴室、水池、游泳池等防水工程。

（1）室内防水工程的基本特征

①室内防水工程与屋面、地下防水工程相比，不受自然气候的影响，受温差变形及紫外线影响小，耐水压力小，因此，对防水材料的温度及厚度要求不高。

②室内防水工程易受水的侵蚀，具有长久性或干湿交替性，要求防水材料耐久性优良，不易水解、腐烂。

图3-10 中央空调机组

图3-11 中央空调出风口

③室内防水工程较复杂，存在施工空间相对狭小、空气流通不畅、卫生间和厨房等处穿楼板（墙）管道多、阴阳角多等不利因素，因此防水材料施工不易操作，防水效果不易保证，在选择防水材料时应充分考虑可操作性。

④从使用上考虑，室内防水工程选用的防水材料直接或间接与人接触，要求防水材料无毒、难燃、环保，满足施工和使用的安全要求。

（2）厨房、卫生间防水施工

厨房、卫生间防水施工应先做墙面，后做地面。在操作上一般采用施工灵活方便、无接缝的涂膜防水做法，在材料上也可选用优质聚乙烯丙纶防水材料与配套粘结料结合的做法。以实施对人身健康无危害、符合环保要求及安全施工为原则（图3-12、图-13）。

目前防水涂料的品种很多，适用于卫生间、厨房等室内防水工程涂膜防水的防水涂料主要有聚氨酯防水涂料、聚合物水泥防水涂料、聚合物乳液防水涂料和渗透结晶型防水涂料。以聚氨酯防水涂料为例，卫生间、厨房防水工程涂膜防水的施工工艺流程为：清理基层→细部附加层施工→第一遍涂膜防水层→第二遍涂膜防水层→第三遍涂膜防水层→第一次蓄水试验→保护层、饰面层施工→第二次蓄水试验→工程质量验收。相应的施工操作如下：

①清理基层。表面必须彻底清理干净，不得有浮尘、杂物、明水等。

②细部附加层施工。卫生间的地漏、管根、阴阳角等处应用聚氨酯涂刮一遍做附加层处理。

③第一遍涂膜施工。以聚氨酯涂料用橡胶刮板在基层表面均匀涂刮，厚度一致，涂刮量以0.6~0.8kg/m²为宜。

④第二遍涂膜施工。在第一遍涂膜固化后，再进行第二遍聚氨酯涂刮。对平面的涂刮方向应与第一遍涂刮方向相垂直，涂刮量与第一遍相同。

⑤第三遍涂膜和粘砂粒施工。第二遍涂膜固化后，进行第三遍聚氨酯涂刮，达到设计厚度。在最后一遍涂膜施工完毕尚未固化时，在其表面应均匀地撒上少量干净的粗砂，以增加与即将覆盖的水泥砂浆保护层之间的粘结。厨房、卫生间防水层经多遍涂刷，聚氨酯涂膜总厚度应大于或等于1.5mm。

⑥当涂膜完全固化并经蓄水试验，三天后验收合格才可进行保护层、饰面层施工。

（3）蓄水试验

卫生间、厨房防水层完工后，应做24小时蓄水试验，蓄水高度为20~30mm，确认无渗漏时再做保护层或饰面层。保护层与饰面层施工完毕还应在其上继续做第二次24小时蓄水试验，最终达到无渗漏和排水通畅为合格，方可进行正式验收。

思考题

思考在建筑室内空间中，依据不同的空间状况，如何采用不同的采暖和制冷方式并在设计中加以运用。

图3-12 防水工程施工现场

图3-13 防水工程施工现场

14

结构工程施工程序

[学习要点]
- 理解建筑室内空间中土建施工的砌筑工艺与建筑结构的关系。

在住宅室内设计中，结构工程的安全性和耐久性一直是室内设计师和使用者非常关注的问题，它直接关系到使用者的人身安全以及后续的经济投入，因此，结构工程的施工程序十分重要，施工程序的正确与否直接影响着施工的速度与质量。下面我们就结构工程中的几个方面来阐述。

4.1 土建

室内装修中土建工程一般分为墙体的拆除工程和隔断墙的砌筑工程。

（1）拆除工程

拆除工程的实施必须在工程负责人的指挥和监督下进行。工程负责人首先要将施工图纸中拆除工程和安全技术规程向参与拆除工作的人员进行详细的交代，并强调安全操作规程。在拆除工程施工前，应将电线、瓦斯煤气管道、上下水管道、供热设备管道等干线及通往该建筑的支线切断或迁移。工人从事拆除工作时，应站在专门搭设的脚手架或者其他稳固的位置上操作，不得拆除建筑物中的承重结构。拆除时，楼板上不允许有多人聚集或堆放材料，以免楼盖结构超载发生倒塌。

（2）隔断墙的砌筑工程

①砖砌墙

砖砌墙由于重量大，湿作业，时间较长，除在改造卫生间、厨房时使用，一般不宜在室内使用。

②轻钢龙骨隔断墙（此内容将在钢结构部分作详细说明）

③木龙骨隔断墙（此内容在木结构部分作详细说明）

4.2 钢结构

钢结构工程是以钢材制作为主的结构，是主要的建筑结构类型之一，在现代室内装饰工程中较为普遍。在住宅室内装修工程中，扶手、拉杆、钢架、门窗栏栅、轻钢龙骨顶棚及隔墙的安装制作都会使用钢结构。钢材的特点是强度高、自重轻；材料匀质性好、塑性好、韧性好，可有较大变形，能很好地承受动力荷载；工业化程度高，可进行机械化程度高的专业化生产；加工精度高、效率高、密闭性好。其缺点是耐火性和耐腐性较差。

在住宅室内装修工程中，主要使用钢结构的部分是轻钢龙骨顶棚和隔墙。在本案中，大量采用轻钢龙骨制作具有造型和隔断功能的隔断墙（图4-1~图4-3）。在购买轻钢龙骨时，要注意其外形是否平整、棱角清晰，切口不允许有影响使用的毛刺和变形，镀锌层不能有起皮、起瘤、脱落等缺陷。

轻钢龙骨隔断墙的施工工艺可分为七大步骤完成：

第一，放线。根据设计施工图，在已做好的地面或地枕带上放出隔墙位置线、门窗洞边框线，并放好顶龙骨位置边线。

第二，安装门洞口框。放线后按照设计要求，先将隔墙的门洞口框安装完毕。

第三，安装沿顶龙骨和沿地龙骨。按已放好的隔墙位置线，按线安装顶龙骨和地龙骨，用射钉固定于主体上，其射钉间距为600mm。

图4-1 轻钢龙骨施工现场（1）

图4-2 轻钢龙骨施工现场（2）

第四，竖龙骨分档。根据隔墙放线门洞位置，在安装顶、地龙骨后安装罩面板。罩面板板宽为900mm或1200mm，分档规格尺寸为453mm或603mm。不足尺寸的分档应避开门洞框边第一块罩面板位置，使破边石膏罩面板不在靠洞框处。

第五，安装竖向龙骨。按分档位置安装竖龙骨，竖龙骨两端上下插入顶部及地龙骨，调制垂直及定位准确后，用抽心铆钉固定；靠墙柱边龙骨用射钉或木螺丝与墙柱固定，钉距为1000mm。隔墙高度大于3m时应加横撑。

第六，安装纸面石膏板。检查龙骨安装质量是否符合设计及构造要求，龙骨间距是否符合纸面石膏板的尺寸。安装一侧的纸面石膏板，从门口处开始，无门洞口的墙体由墙的一端开始，石膏板的距离不得小于10mm，也不得大于16mm。自攻螺丝紧固时，纸面石膏板必须与龙骨相贴合。然后安装墙体内电管、电盒和电箱设备；安装墙体内防火、隔声、防潮填充材料，与另一侧纸面石膏板同时进行安装。安装墙体内另一侧石膏板方法同第一侧石膏板，其接缝处应与第一侧面板缝错开。安装双层纸面石膏板时，第二层板的固定方法与第一层相同，但第二层板的接缝应与第一层板错开。

第七，接缝。纸面石膏板墙接缝做法有三种形式，即平缝、凹缝和压条缝。一般做平缝较多，可按以下程序处理。刮嵌缝腻子：刮嵌缝腻子终凝后立即用粘贴拉接材料，先用稠度较稀的底层腻子，在接缝上薄刮一层，厚度约1mm，宽度适应拉条带宽，随即粘贴拉接带，用中刮刀从上到下用力刮平压实，赶出腻子与拉接带之间的气泡。刮中层腻子：拉接带粘贴后，立即在上面再刮一层比拉接带稍宽（80mm左右），厚度1mm的中层腻子，使拉接带埋入这层腻子中。找平腻子：用刮刀将腻子填满楔形槽面与石膏板面平。墙面装饰：根据建筑物的标准可在纸面石膏板墙面上做各种饰面，如涂刷油漆、喷刷浆、贴墙纸等。

以下是用于吊顶与隔断的轻钢龙骨规格：

表4-1 吊顶轻钢龙骨及规格表（单位：mm）

吊顶龙骨	1	60吊顶龙骨	60×27×1.2
	2	60吊顶龙骨	60×27×0.6
	3	UC50主龙骨	50×15×1.2
	4	UC50主龙骨	50×19×0.5
	5	UC50主龙骨	38×12×1.0

表4-2 隔墙轻钢龙骨及规格表（单位：mm）

隔墙龙骨	1	50地龙骨	50×35×0.5
	2	50竖龙骨	50×35×0.5
	3	75地龙骨	75×35×0.5
	4	75竖龙骨	75×40×0.5

图4-3 轻钢龙骨施工现场（3）

4.3 木结构

室内隔断墙主要有轻钢龙骨、木龙骨及砖砌三种形式。本节主要介绍木龙骨隔断墙的施工。图4-4~图4-13为本案中木结构的施工与完工情况,可作为参考。

木龙骨隔断墙是以杉木或松木作骨架,以石膏板或木质纤维板、胶合板为面板的墙体,其加工速度快,劳动强度低,重量轻,隔声效果好,应用广泛。

图4-4 木结构施工现场(1)

图4-5 木结构施工现场(2)

图4-6 木结构施工现场(3)

图4-7 木结构局部完工(1)

图4-8 木结构局部完工(2)

图4-9 木结构局部完工(3)

图4-10 木结构局部完工(4)

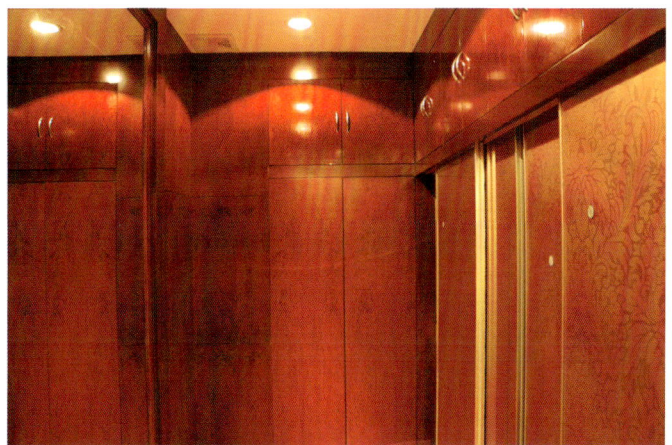

图4-11 木结构局部完工(5)

图4-12 木结构局部完工(6)

图4-13　木结构局部完工（7）

木龙骨架的施工程序为：清理基层地面→弹线、找规矩→在地面用砖、水泥砂浆做地枕带（又称踢脚座）→弹线至顶棚及主体结构墙上→立边框墙筋→安装沿地、沿顶木楞→立隔断立龙骨→钉横龙骨→封罩面板，预留插座位置并设加强垫木→罩面板处理。

木龙骨架应使用规格为40mm×70mm的杉木或松木。立龙骨的间距应考虑罩面板的尺寸，一般为450~600mm。如有门口，两侧应各立一根通天竖龙骨。横龙骨应与竖龙骨开榫相接，窗口的上、下边及门口的上边，应加横龙骨。

安装沿地、沿顶木楞时，应将木楞两端伸入砖墙内至少120mm，以保证隔断墙与原结构墙连接牢固。隔断墙的面板安装可参照轻钢龙骨罩面板安装方法进行。

木龙骨隔断墙的检验标准为：隔断的尺寸正确，材料规格一致，墙面平直方正、光滑，拐角的方正交接处应与地连接严密、沿顶木楞及边框墙筋与交接后的龙骨应牢固、平直。检查隔断墙面：用2m直尺检测，表面平整度误差小于2mm，立面垂直度误差小于3mm，接缝高低差小于0.5mm。

思考题

1．思考在装修工程中，哪些项目适合用钢结构制作。
2．简述轻钢龙骨的材料规格及施工方式。

5

面饰工程施工程序

[学习要点]
- 了解石膏板的分类、材料性能特征及工程用途。
- 了解木材名称及其不同纹理及色彩特征。

5.1 石膏板

石膏板以石膏为主要材料，通常加入纤维、粘结剂、改性剂，经混炼压制、干燥而成。它是一种重量轻、强度较高、厚度较薄、加工方便以及隔音绝热和防火等性能较好的建筑材料，且稳定性好、不老化、防虫蛀，可用钉、锯、刨、粘等方法施工，是新型轻质板材之一。石膏板被广泛用于住宅、办公楼、商店、旅馆和工业厂房等各种建筑物的内隔墙、墙体覆面板（代替墙面抹灰层）、天花板、吸音板、地面基层板和各种装饰板等。

（1）石膏板分类

①纸面石膏板

纸面石膏板主要用于建筑物内隔墙（图5-1），可分为普通纸面石膏板、耐水纸面石膏板和耐火纸面石膏板三类。普通纸面石膏板是以重磅纸为护面纸。耐水纸面石膏板采用耐水的护面纸，并在建筑石膏料浆中掺入适量耐水外加剂制成耐水芯材。耐火纸面石膏板的芯材是在建筑石膏料浆中掺入适量无机耐火纤维增强材料后制作而成。耐火纸面石膏板的主要技术要求是在高温明火下燃烧时，能在一定时间内保持不断裂。

纸面石膏板具有以下特点：

a 施工安装方便，节省占地面积

纸面石膏板的可加工性好，可锯、可刨、可钻、可贴，施工灵活方便。用石膏板做内隔墙便于室内管线敷设及检修。采用石膏板做墙体材料，可节省墙体占地面积，增加建筑空间利用率。

b 耐火性能良好

一旦发生火灾，石膏板就会吸收热量进行脱水反应。这一良好的防火特性可以为人口疏散赢得宝贵时间，同时也延长了防火时间。与其他材料相比，纸面石膏板在发生火灾时只释放出水并转化为水蒸气，不会释放出对人体有害的成分。而有些材料遇火灾时，往往会散发出对人体有害的成分，如有毒的浓烟。

c 隔热保温性能

纸面石膏板的导热系数只有普通水泥混凝土的9.5%，是空心黏土砖的38.5%。如果在生产过程中加入发泡剂，石膏板的密度会进一步降低，其导热系数将变得更小，保温隔热性能就会更好。

d 膨胀收缩性能

纸面石膏板的线膨胀系数很小，加上石膏板又在室温下使用，所以它的线膨胀系数可以忽略不计。但纸面石膏板的干缩湿胀现象相对而言比较大。

e 特殊的"呼吸"功能

这里所说的"呼吸"功能，是对纸面石膏板吸湿潮解现象的一种形象描述。由于纸面石膏板是一种存在大量微孔结构的板材，在自然环境中，多孔体不断吸湿与潮解，这种"呼吸"功能能调节居住及工作环境湿度，为居住者创造一个舒适的小气候。

②装饰石膏制品

装饰石膏制品是以建筑石膏为主要原料，掺入适量纤维增强材料和外加剂，与水一同搅拌成均匀料浆，经浇注成型、干燥而得到的制品。这类制品包括各种装饰石膏板，如普通平板、孔板、浮雕板、防潮平板、防潮孔板、吸声板、嵌装式装饰板以及浮雕艺术的石膏角线、线板、角花、灯圈、壁炉、罗马柱、灯座和雕塑等。装饰石膏制品主要用于室内墙壁和吊顶装饰，具有防火、隔音、吸声、美化的作用，是宾馆、饭店、公共建筑设施以及居室

图5-1 纸面石膏板

内常用的装饰材料（图5-2、图5-3）。

③石膏空心条板

石膏空心条板是以建筑石膏为主要原料，掺加适量轻质填充料或纤维材料后加工而成的一种空心板材。这种板材不用纸和粘结剂，安装时不用龙骨，是发展比较快的一种轻质板材。主要用于内墙和隔墙。

④纤维石膏板

纤维石膏板是以建筑石膏为主要原料，并掺加适量纤维增强材料制成。这种板材的抗弯强度高于纸面石膏板，可用于内墙和隔墙，也可代替木材制作家具。

除传统的石膏板外，还有不断增加的新产品，如石膏吸音板、耐火板、绝热板和石膏复合板等。石膏板的规格也向高厚度、大尺寸的方向发展。

⑤植物秸秆纸面石膏板

植物秸秆纸面石膏板不同于普通的纸面石膏板，其采用大量植物秸秆，使废物得到了充分利用，既解决了环保问题，增加了农民的经济收入，又使石膏板的重量减轻，降低了运输成本，同时煤、电的消耗量减少了30%~45%，完全符合国家相关的产业政策。

（2）石膏板安装

隔墙所用石膏板宜竖向铺设，长边（即包封边）接缝应落在竖龙骨上。曲面墙所用石膏板宜横向铺设。龙骨两侧的石膏板及龙骨一侧的内外两层石膏板应错缝排列，接缝不得落在同一根龙骨上。石膏板用自攻螺钉固定。沿石膏板周边螺钉间距不应大于200mm，中间部分螺钉间距不应大于300mm，螺钉与板边缘的距离应为10~16mm。在安装过程中，应从板的中部向板四边固定，钉头略埋入板内，但不得损坏纸面，钉眼用石膏腻子抹平。用于隔墙的石膏板四周与邻边墙或柱子留有3mm的槽口。施工时，先在槽口处加注嵌缝膏，然后铺板，挤压嵌缝膏使其和邻近表层连接紧密。在安装防火墙石膏板时，石膏板不得固定于沿顶、沿地龙骨上，应另设横撑龙骨加以固定。隔墙板的下端如用木踢脚线覆盖，石膏板应离地面20~30mm；用大理石、水磨石踢脚线时，石膏板下端应与踢脚板上口齐平，接缝严密。铺放墙体内的玻璃棉、矿棉板、岩棉板等填充材料，与安装另一侧纸面石膏板同时进行，填充材料应铺满铺平。

纸面石膏板墙接缝有三种做法，即平缝、凹缝和压条缝。一般做平缝较多，可按以下程序处理：纸面石膏板安装时，其接缝处应当留缝（一般3~6mm），坡口之间必须相接。接缝内浮土清除干净后，刷一遍50%浓度的108胶水溶液。用小刮刀将接缝腻子嵌入板缝，与坡口刮平。待腻子干透后，检查嵌缝处是否有裂纹产生。如产生裂纹要找出原因，并重新嵌缝。在接缝坡口处刮约1mm厚的腻子，然后粘贴拉接带，压实刮平。当腻子开始凝固又尚处于潮湿状态时，再刮一遍腻子，将拉接带埋入腻子中，并将板缝填满刮平（图5-4~图5-11）。

图5-2 装饰石膏板（1）

图5-3 装饰石膏板（2）

图5-4 石膏板饰面施工工艺（1）

面饰工程施工程序

图5-5 石膏板饰面施工工艺（2）

图5-6 石膏板饰面施工工艺（3）

图5-7 石膏板饰面工程图（1）

图5-8 石膏板饰面工程图（2）

图5-9 石膏板饰面工程图（3）

图5-10 石膏板饰面工程图（4）

图5-11 石膏板饰面工程图（5）

5.2 木质材料

木质室内装饰材料通常是以木材、竹材为主要原料加工而成的，适合于家具和室内装饰装修的材料。木材和竹材是人类最早应用于建筑以及装修的材料之一，木材与竹材是典型的绿色环保性材料，具有不可替代的天然性、优良的物理力学性能、良好的加工性。迄今为止，木质装饰材料仍然是建筑装饰领域中应用最多的材料。

如今人造板工业的发展极大地推动了木质装饰材料的发展，中密度纤维板、刨花板、微粒板、细木工板、竹质板等基材的发展，以及新的饰面材料、饰面工艺与设备的不断出现，使木质装饰材料从品种、花色、质地到产量都有较大的进步。

（1）实木木材

实木一般是指将原木经过简单加工而成的木材，如木方、厚木板、木条等。作为一种行业术语，实木主要是用于区别合成木材和人造板材。装修用的"实木"主要是指那些纹理漂亮、非人工合成的装饰型木材。其主要缺点是价格昂贵，有时会出现弯曲、收缩开裂或膨胀等现象（图5-12、图5-13）。

（2）地板

① 竹木地板

竹木地板作为地面材料，坚实而富弹性，冬暖而夏凉，自然而高雅，舒适而安全；竹木地板有着独特的装饰性，其色泽丰富，纹理美观，装饰形式多样；竹木地板有一定硬度且又具一定弹性，绝热绝缘，隔音防潮，不易老化。但在其使用中有一定的局限，如其不耐水、火，需进行一定处理；其干缩湿涨性强，处理或应用不当易产生开裂变形，故保护和维护要求较高（图5-14）。

② 实木地板

实木地板是用天然木材经锯解、干燥后，直接加工成不同几何单元的地板，其特点是断面结构为单层，充分保留了木材的天然性质（图5-15、图5-16）。

图5-12 实木儿童床

图5-13 实木书桌

图5-14 竹木地板

图5-15 实木地板

 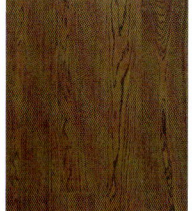

图5-16 各式各样的实木地板

实木地板的施工要点：木地板一定要拆封后在室内放置一段时间再铺设，以便木地板适应新的环境。地面基层一定要处理平整，确保不易返潮。有的地板铺好后仅过一年便出现翘曲变形，这一方面由于铺设时地板太干燥，另一方面与地面返潮也有关系。注意木方的含水率，这是引起木地板铺设后胀鼓翘曲或收缩开裂的主要原因。因为木地板是铺钉在木方上的，木方的收缩膨胀会对木地板的稳定性产生影响，所以铺设木地板前一定要保证木方之间的清洁和干燥。木方与地面基层之间应保留一定的空隙，保证整个地笼内部空气畅通，不要用水泥砂浆将木方与钉子一同固定在地面上。铺钉木地板的钉子必须使用麻花钉，一定要斜向钉入木方中（但仍垂直于地板条长度方向），否则使用过程中容易引起木地板松动。地板条之间接缝并非越窄越好，应该留有一定的缝隙。铺钉木地板时还要注意在木地板条与墙面之间留设10mm左右的膨胀缝。木质踢角线应在木地板打磨结束后再安装固定，否则木地板靠近踢角线和边角处不易打磨光滑，影响刷漆后的装饰效果。木地板铺设好后要用纸板或旧凉席等进行覆盖保护，严禁钉子和其他施工工具跌落在木地板表面；严禁将水、油等洒落在木地板上。铺设木地板前期最好在其正面和背面先刷一遍清漆，这样可以防止日后产生翘曲或开裂。

③多层复合地板

多层复合地板实际上是利用珍贵木材或木材中的优质部分以及其他装饰性强的材料作表层，材质或质地较差的竹、木材料作中层或底层，经高温高压制成的多层结构的地板。这种地板不仅充分利用了优质材料，提高了制品的装饰性，而且所采用的加工工艺也不同程度地提高了产品的物理力学性能。

多层复合地板的特点是：充分利用珍贵木材和普通小规格木材，在不影响表面装饰效果的前提下降低产品的成本；结构合理，翘曲变形小，无开裂、收缩现象，具有较好的弹性；板面规格大，安装方便，稳定性好；装饰效果好，与豪华型实木地板在外观上具有相似的效果。

④复合强化木地板

复合强化地板的正式学名是浸渍纸饰面层压木质地板。它的特点是：具有优良的物理力学性能，有很高的耐磨性，有良好的耐污染腐蚀、抗紫外线光、耐香烟灼烧等性能；有较大的规格尺寸且稳定性好。

⑤人造板地板

人造板地板是利用木质胶合板、刨花板、中密度纤维板、细木工板、硬质纤维板、集成板等作为材料的地板。

（3）装饰薄木

装饰薄木的基材一般为花纹美观、质地优良的珍贵树种，而且生产要求材径粗大，这往往限制了它的发展。因此，随着生产技术的进步，出现了一种新的人造基材——人工木方。它是采用普通树种经过机械加工、漂白、染色等一系列工序后，再经重新排列组合和胶压而成。人工木方的构成有无数种方式，用它来刨切的薄木花纹也千姿百态，模拟的天然木材花纹惟妙惟肖，自创的人工图案则巧夺天工。图5-17~图5-19是刨切装饰薄木所用的工具。

①天然薄木

天然薄木是采用珍贵树种，经过水热处理后刨切或半圆旋切而成。它与集成薄木和人造薄木的区别在于木材未经分离和重组，也没有加入其他如胶粘剂之类的成分，是名副其实的天然材料。

②集成薄木

集成薄木是将一定花纹要求的木材先加工成规格几何体，然后将这些几何体需要胶合的表面涂胶，按设计要求组合，胶结成集成木方，再经刨切而成。集成薄木对木材的质地有一定要求，其图案的花色多，色泽与花纹的变化依赖天然木材，且自然真实。集成薄木大多用于家具部件、木门等局部的装饰，一般幅面不大，但制作精细，图案较复杂。

③人造薄木

人造薄木是用普通树种的木材单板经染色、层压和模压后制成木方，再经刨切而成。人造薄木可仿制各种珍贵

图5-17 木工锯——电圆锯

图5-18 木工锯——电曲线锯

图5-19 木工锯——电刨

树种的天然花纹，甚至达到以假乱真的地步，当然也可制出天然木材没有的花纹图案。

（4）木质人造板

木质人造板是装修中大量应用的基本材料，也是装饰人造板采用最多的板材。它是由木材、竹材、植物纤维等材料经不同加工制成纤维、刨花、碎料、单板、薄片、木条等基本单元，而后经干燥、施胶、铺装、热压等工序制成的一类板材。木质人造板大多采用木材采伐剩余物、加工剩余物、间伐材、速生工业用材或非木材植物如竹材、蔗渣、棉秆、麻秆、稻草、麦秸、高粱秆、玉米秆、葵花秆、稻壳等作为主要原料，资源广泛，成本低廉，是建筑和装饰装修目前乃至今后应当大力发展的材料。

胶合板——木材天然，构造对称，质地均匀，纵横方向性稳定。

硬质纤维板——表面平整，背面网状，不对称，质地均匀。

中密度纤维板——光洁平整，对称，质地细腻均匀。

软质纤维板——粗糙，多孔，质地均匀。

刨花板——平整，对称，质地不均匀。

细木工板——木材天然，构造对称，质地似木材，纵横方向性较稳定。

指接集成板——木材天然，构造对称，质地似木材，纵横方向性较稳定。

（5）装饰人造板

装饰人造板是将木质人造板进行各种装饰加工而成的板材。由于色泽、平面图案、立体图案、表面构造、光泽等不同变化，大大提高了材料的视觉效果、艺术感受，增强了材料的表达力并拓宽了材料的应用面，因而成为装饰领域广泛应用的材料之一。

（6）装饰型材

装饰型材是采用木材、竹材、人造板、植物等原料，经机械加工、模压、贴面等工艺制造而成，可以直接用于室内墙面、地面、顶棚的装饰以及用作门窗、扶梯等结构件。这类材料有墙角线、踢脚线、吊顶板、墙裙、楼梯、扶手、木门窗等。

5.3 瓷砖

在建筑装饰工程中，陶瓷是最古老的装饰材料之一。随着现代科学技术的发展，陶瓷在花色、品种、性能等方面都有了巨大的变化，为现代建筑装饰装修工程带来了越来越多兼具实用性和装饰性的材料，在建筑工程中应用十分普遍。

瓷砖是以耐火的金属氧化物及半金属氧化物，经由研磨、混合、压制、施釉、烧结而形成的一种耐酸碱的瓷质或石质，是建筑或装饰的材料，总称为瓷砖。其原材料多由黏土、石英沙等混合而成。

5.3.1 瓷砖的分类

（1）瓷质砖

瓷质砖是在高温下烧制而成。瓷质砖（图5-20）抗渗透性好，质地坚硬密实，是瓷砖中最耐磨的一种。大块尺寸可以达到1500mm，价格比较贵。高品质的瓷质材料呈现玻璃一般的特性。瓷质砖多适用于商业区和公共场所，大块产品多用于干挂幕墙。

（2）炻质砖

炻质砖的材质构成介于陶和瓷之间，通常不上釉，其颜色从红色到浅褐色皆有，大多是整块同色、杂色，或者边缘颜色比中间部分较深的混合颜色。炻质砖的厚度依据板面大小为9~15mm，表面可以做防滑处理。

（3）马赛克砖

马赛克砖简称马赛克，也称陶瓷锦砖，以瓷土为原料，含水率低。通常将多片马赛克的背面贴附网或牛皮纸，以利安装。马赛克颜色繁多，可用人工拼贴的方式在墙面或地面上创造出任何复杂的图样，多用于卫生间的墙

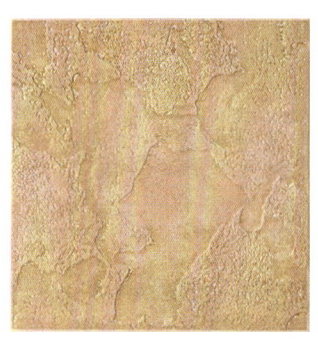

图5-20 瓷质砖

与地面。但是，陶瓷马赛克与玻璃马赛克是两种不同的材料（图5-21）。

（4）抛光砖

抛光砖是将通体砖坯体的表面经打磨而成的一种光亮的砖，属通体砖的一种。相对通体砖而言，抛光砖表面较光洁。抛光砖坚硬耐磨，适合于除洗手间、厨房以外的空间中使用，比如用于阳台、外墙装饰等。运用渗花技术，抛光砖还可做出各种仿石、仿木效果。

（5）玻化砖

玻化砖属通体砖的一种。吸水率低于0.5%的陶瓷都称为玻化砖。抛光砖吸水率低于0.5%，也属于玻化砖。将玻化砖进行镜面抛光即为玻化抛光砖。由于玻化砖吸水率低，故其硬度也相对较高，不容易有划痕（图5-22）。

（6）釉面砖

釉画砖是将砖的表面经过烧釉处理而成，又分陶土和瓷土两种，陶土烧制出来的背面呈红色，瓷土烧制的背面呈灰白色。釉面砖表面可做各种图案和花纹，比抛光砖色彩和图案丰富，但由于表面是釉料，因此耐磨性不如抛光砖。

5.3.2 瓷砖的施工工艺

铺贴地砖的方法，一般有干铺和湿铺两种。干铺是将水泥和沙等只加部分水混合搅拌；湿铺是将水泥、沙与水等完全混合搅拌成泥浆。卫生间可以用湿铺，客厅等可以用干铺（图5-23、图5-24）。墙砖的铺贴一般都是湿铺，否则粘不上墙。铺贴瓷砖，一般要用到十字卡、棉纱、勾

图5-21 马赛克砖　　　　图5-22 玻化砖

图5-23 瓷砖工程局部完工

图5-24 瓷砖工程局部完工

缝剂等材料。在铺贴瓷砖过程中，十字卡放于4块相邻瓷砖之间，用于对齐。一般小砖的缝隙留得比较大，如留缝5mm，这时用5mm的十字卡来对齐；大砖一般留缝2mm或3mm。通常5mm的十字卡在瓷砖快干的时候撬下来，以便重复利用；2mm和3mm缝隙中十字卡是拿不下来的，否则容易把瓷砖撬掉，故十字卡的用量跟瓷砖的片数一样。棉纱主要用于贴完瓷砖后，及时擦掉瓷砖表面的水泥等赃物，以免时间长了瓷砖上的赃物擦不掉。勾缝剂用于填充瓷砖之间的缝隙，不容易脱落、变色，且有各种颜色。勾缝剂分有砂和无砂两种，有砂的颗粒大；无砂的没有颗粒，呈粉状。一般5mm以上的缝用有砂的，2mm和3mm的缝用无砂的。

5.4 石材

装饰石材包括天然石材和人工石材两类。天然石材是一种历史悠久的建筑材料，它具有良好的品质，如强度较高、吸水率低、耐腐蚀、耐磨、抗冻、使用寿命长及防火性能好等优点，使地面、墙面及柱式等构件给人一种特殊的坚实感、稳固感。而且，天然石材经表面处理可以获得不错的装饰效果。

5.4.1 石材分类

（1）花岗岩

花岗岩是岩浆在地表以下凝结而形成的一种岩石，主要成分是长石和石英。花岗岩质地坚硬致密、强度高、抗风化、耐腐蚀、耐磨损、吸水性低，其色泽能保存百年以上，是良好的建筑材料。除了用作高级建筑装饰工程、大厅地面外，还是露天雕刻的首选。它的缺点是不耐热（图5-25）。

花岗岩石材按色泽纹理、材质和结构等因素，分不同级别。

按色泽纹理，花岗岩石材可分为黑色系、棕色系、绿色系、灰白色系、浅红色系及深红色系六类。

按所含材质，花岗岩石材可分为黑色花岗岩、白云母花岗岩、角闪花岗岩、云母花岗岩等。

按结构，花岗岩石材可分为细粒花岗岩、中粒花岗岩、粗粒花岗岩、斑状花岗岩、似斑状花岗岩、晶洞花岗岩及片麻状花岗岩等。

（2）大理石

大理石原指产于云南省大理的一种白色带有黑色花纹的石灰岩，其剖面可形成一幅天然的水墨山水画。在古代，人们常选取具有成型花纹的大理石制作画屏或镶嵌画。后来"大理石"这个名称逐渐发展成称呼一切带有各种颜色花纹的石灰岩。大理石主要用于加工成各种型材、板材，用于建筑物的墙面、地面、台、柱，还常用于纪念性建筑物，如碑、塔、雕像等。大理石还可以雕刻成工艺美术品，文具、灯具、器皿等实用艺术品。其质感柔和、美观庄重，格调高雅，是装饰豪华建筑的理想材料，也是艺术雕刻的传统材料（图5-26）。

大理石可以划分为以下几种：

①单色大理石

单色大理石包括纯白的汉白玉、雪花白，纯黑的墨玉、中国黑等，是高级墙面装饰和浮雕装饰的重要材料，也用于制作各种台面。

图5-25 花岗岩

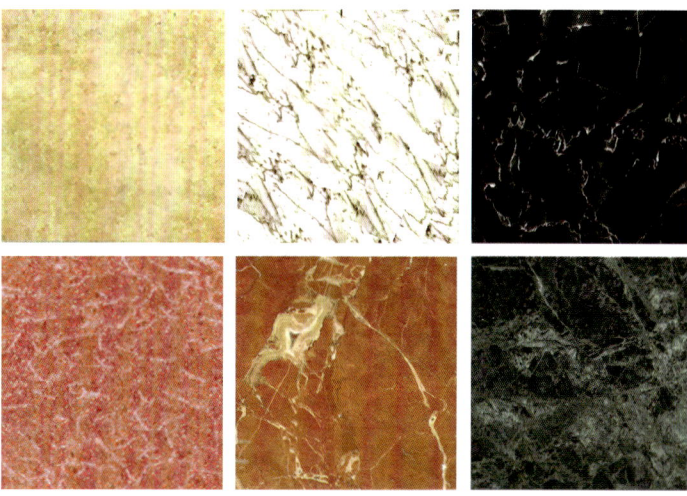

图5-26 大理石

②云灰大理石

云灰大理石的底色为灰色，灰色底面上常有天然云彩状纹理，带有水波纹的称做水花石。云灰大理石纹理美观大方、加工性能好，是饰面板材中使用最多的品种。

③彩花大理石

彩花大理石为薄层状结构，经过抛光后，呈现出各种色彩斑斓的天然图画。经过精心挑选和研磨，可制成由天然纹理构成的山水、花木、禽兽虫鱼等大理石画屏，是大理石中的极品。

（3）人造石材

①水泥型人造石材

它是以水泥为粘结剂，以砂为细骨料，以碎大理石、花岗岩、工业废渣等为粗骨料，经配料、搅拌、成型、加压蒸养、磨光、抛光等工序而制成。通常所用的水泥为硅酸盐水泥，现在也用铝酸盐水泥作粘结剂，用它制成的人造大理石光泽度高，花纹耐久性、抗风化、耐火性、防潮性都优于一般的人造大理石。这是因为铝酸盐水泥的主要矿物成分——铝酸—钙液化生成了氢氧化铝胶体，在凝结过程中，与光滑的模板表面接触，形成氢氧化铝凝胶层；与此同时，氢氧化铝胶体在硬化过程中不断填塞水泥石的毛细孔隙，形成致密结构。所以制品表面光滑，具有光泽且呈半透明状。

②聚酯型人造石材

聚酯型人造大理石是模仿大理石的表面纹理加工而成的，具有类似大理石的肌理特点，且花纹图案可由设计者自行控制，重现性好。其具有重量轻、强度高、厚度薄、耐腐蚀性好、抗污染、较好的可加工性、施工方便等特点。

③石艺涂料

石艺涂料也称真石漆，由天然石粉加胶凝材料制成，是一种外观很像毛面花岗石的涂料，喷在墙体、石膏板、木造型的表面，具有天然石材的质感。

（4）其他石材

①板岩

板岩是具有板状结构，基本没有重结晶的岩石，是一种变质岩，其成分为泥质、粉质或中性凝灰岩，沿板理方向可以剥成薄片，可作为建筑和装饰材料。作为一种天然石材，它固有的特性使之成为理想的浴室地板材料，具有美观、持久耐用、防滑等优点。但是如果养护不充分，板岩砖很容易褪色。大量水分的渗透会导致板岩砖的外观古旧。因此，板岩最好不要安装在长期处在潮湿的环境中，如淋浴区可用其他材料代替或定期使用养护剂保护（图5-27）。

②砂岩

砂岩是一种沉积岩，主要由砂粒胶结而成，其中砂粒含量要大于50%。绝大部分砂岩是由石英或长石组成，它是在商业和家庭装潢上使用最广泛的一种建筑石材。

③石灰石

石灰石主要成分是碳酸钙，被大量用于建筑材料。石灰石一般呈块状，纯石灰石为白色，含有杂质时为淡灰色或淡黄色。熟石灰经调配制成石灰膏、石灰砂浆等，用作涂装材料和砖瓦黏合剂。

图5-27 板岩

④洞石

洞石是因其表面有许多孔洞而得名,其学名是凝灰石或石灰华。其色调以米黄居多,使人感到温和,质感丰富,条纹清晰,使装饰的建筑物带有浓厚的文化和历史韵味,主要应用于建筑外墙装饰和室内地板、墙壁装饰。洞石除了有黄色的以外,还有绿色、白色、紫色、粉色、咖啡色等。

⑤玉石

玉分软、硬两种,平常说的玉多指软玉,硬玉另有一个流行的名字——翡翠。玉石开采剩余的矿石中含有许多杂质,不适合作为工艺品,但是用于地面和墙面装饰则有特别的装饰效果(图5-28)。在洗浴场所,多用于铺贴浴池和桑拿房。

⑥毛石

毛石是不成形的石料,处于开采后的自然状态。它是岩石经爆破后所得到的形状不规则的石块,其中,形状不规则的称为乱毛石,有两个大致平行面的称为平毛石。毛石常用于砌筑基础、勒脚、墙身、堤坝、挡土墙等。

⑦卵石

卵石是经过很长时间逐渐形成的岩石。卵石的形成过程分为两个阶段,第一阶段是岩石风化、崩塌阶段;第二阶段是岩石在河流中被河水搬运和磨圆阶段。一般用于室内庭院以及局部的铺地等(图5-29)。

5.4.2 石材的施工工艺

饰面石材的安装施工根据其装饰部位可分为水平面(地面)装饰施工和立面装饰施工。石材的安装施工工艺主要是采用水泥砂浆湿法铺贴工艺,而立面的安装施工工艺复杂得多,有湿法铺贴、胶粘剂粘贴法和干挂法等。

地面湿法铺贴方法:首先弹好标高线,然后根据花岗石等的规格尺寸找规矩。做法是在房间中央取好中点,以此中点为中心,拉两条互相垂直的纵、横十字线。铺砌花岗石、大理石或预制水磨石板时应从十字线中间开始,向两侧采用退步方法进行铺砌。与室内楼面直接相通的室外地面,应将楼面标高线与室外拉通。不论室内外楼面是否用同样花色或同类石板铺面,均应在门下砖口处,用不同花色的石板(或用与室内相同的花边)予以分隔,以衔接室内外楼面。要取得好的效果,可事先在石板表面的两邻边加工出宽和深均为6~8mm的台阶,安装时将石材底部合缝拼装,石材表面便形成了宽和深均为6~8mm的拼缝,然后进行嵌缝处理(图5-30~图5-33)。

胶粘剂粘贴法:其施工工艺就是用胶粘剂代替水泥砂浆,将饰面石材直接粘贴到已达到标准要求的墙面上,主要适用于小规格的薄板,其优点是施工简便,可防止水泥

图5-28 玉石拼贴效果

图5-29 卵石

臼滑等石材病症的发生；缺点是施工成本较高，对石材和基础墙面的精度要求较高。目前国内很少采用这种施工方法。

干挂法：干挂法就是通常所说的石材干挂施工，即在饰面石材上直接打孔或开槽，用各种形式的连接件（干挂构件）与结构基体上的膨胀螺栓或钢架相连接，不需要灌注水泥砂浆，使饰面石材与墙体间形成80~150mm宽的空气层。用这种施工方法，石板材的安装高度可达60m以上，也是目前高档装修的首选施工方法。其优点是由于不采用水泥砂浆，避免了石材在使用过程中发生各种石材病症，板材与板材之间的拼接留缝一般为6~8mm，嵌缝处理后增加了装饰的立体效果。这种施工方法与水泥砂浆湿法铺贴施工工艺的不同点在于为保证石板材有足够的强度和使用安全性，必须增加石板材的厚度，这样悬挂基体必须具有较高的强度才能承受饰面传递过来的外力，所用的连接件和膨胀螺栓等必须是高强度、耐腐蚀，最好用不锈钢件或进行可靠的防锈防腐处理方可达到这种施工要求，因此，施工成本比水泥砂浆湿法铺贴施工工艺要高出很多（图5-34~图5-38）。

5.5 墙纸

墙纸，也称为壁纸，是一种应用相当广泛的室内装饰材料。由于墙纸具有色彩多样、图案丰富、风格各异、安全环保、施工方便、耐脏耐擦洗、防火防霉抗菌、价格适宜等其他材料所无法比拟的特点，故在欧美、东南亚、日本等发达国家和地区广泛普及。墙纸的表现形式非常丰富，可适应不同的空间或场所、不同兴趣爱好以及不同价格层次的需求。当然它也存在一些缺点，比如造价比乳胶漆高；施工水平和质量不容易控制；档次低、材质差的壁纸环保性差，对室内环境有污染；印刷工艺低的壁纸时间久了会有褪色现象，尤其是日光经常照射的地方；采用不透气材质的壁纸容易翘边；墙体潮气大，时间久了容易发

图5-30　石材工程局部完工（1）

图5-31　石材工程局部完工（2）

图5-32　石材工程局部完工（3）

图5-33　石材工程局部完工（4）

图5-34　石材工程局部完工（5）

图5-35　石材工程局部完工（6）

霉脱层；大部分壁纸在更换时需要撕掉并重新处理墙面；颜色深的纯色壁纸接缝较明显。

5.5.1 按材料分类

（1）纸质壁纸

纸质壁纸是指在特殊耐热的纸上直接印花压纹的壁纸。特点：亚光、环保、自然、舒适、亲切（图5-39）。

（2）胶面壁纸

胶面壁纸是目前使用最广泛的产品，其特点是色彩多样、图案丰富、价格适宜、施工周期短、耐脏、耐擦洗。布底胶面壁纸又分为十字布底和无纺布底（图5-40）。

图5-36　石材工程局部完工（7）

图5-37　石材工程局部完工（8）

图5-38　石材工程局部完工（9）

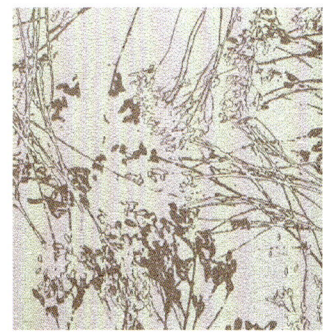
图5-39　纸质壁纸

图5-40　胶面壁纸

（3）壁布

壁布又称纺织壁纸，表面为纺织材料，也可以印花、压纹。其特点是视觉舒适、触感柔和、吸音、透气、亲和性佳、典雅、高贵。在壁布中又分为纱线壁布、织布类壁纸和植绒壁布等（图5-41）。

（4）金属类壁纸

金属类壁纸是用铝帛制成的特殊壁纸，以金色、银色为主要色系。其特点是防火、防水、华丽、高贵。

（5）天然材质类壁纸

天然材质类壁纸是用天然材质如草、木、藤、竹、叶材纺织而成。其特点是亲切、自然、休闲、舒适、环保（图5-42）。

（6）防火壁纸

防火壁纸是用防火材质（常用玻璃纤维或石棉纤维）

图5-41　壁布

图5-42　天然材质类壁纸

纺织而成。其特点是防火性极佳，防水、防霉，常用于机场或公共建设。

（7）特殊效果壁纸

荧光壁纸：在印墨中添加荧光剂，在夜间会发光，常用于娱乐空间。

夜光壁纸：使用吸光印墨，白天吸收光能，在夜间发光，常用于儿童居室。

防菌壁纸：经过防菌处理，可以防止霉菌滋生，适合用于医院、病房。

吸音壁纸：使用吸音材质，可防止回音，适用于剧院、音乐厅、会议中心。

防静电壁纸：用于需要防静电的特殊场所，如实验室等。

5.5.2　新型材料壁纸

（1）聚氯乙烯塑料墙纸

聚氯乙烯塑料墙纸是以纸为基材，以聚氯乙烯塑料薄膜为面层，经过复合、印合、印花、压花等工序制成的一种新型装饰材料。其特点是美观、耐用，有一定的伸缩性，耐裂强度好，可制成各种图案及凹凸纹，富有很强的质感，还有强度高、抗拉拽、易于粘贴的特点，陈旧后也易于更换，且表面不吸水，可用布擦洗。其缺点是透气性较差，时间长会渐渐老化，不环保。

（2）玻璃纤维印花墙纸

玻璃纤维印花墙纸是以玻璃纤维布为基材，表面涂以耐磨树脂，印上彩色图案而制成的。具有色彩鲜艳、花色繁多、不褪色、不老化、防火、耐磨、施工简便、粘贴方便、可用皂水洗刷等特点。

（3）健康型环保墙纸

健康型环保墙纸是精选天然植物粗纤维，用科学方法精制而成。表面富有弹性，且隔音、隔热、保温，手感柔软舒适。最大的特点是无毒、无害、无异味，透气性好，而且纸型稳定，随时可以擦洗，使用寿命高于普通墙纸两倍以上。

（4）吸湿墙纸

日本发明了一种能吸湿的墙纸，它的表面布满了无数的微小毛孔，$1m^2$ 可吸收100ml的水分。它是洗脸间墙壁的理想装饰品。

（5）杀虫墙纸

美国发明了一种能杀虫的墙纸，苍蝇、蚊子、蟑螂等害虫只要接触到这种墙纸，便很快被杀死，其杀虫效力可保持5年。该墙纸可以擦洗，不怕水蒸气和化学物质。

（6）调温墙纸

英国研制成功一种调节室温的墙纸，它由三层结构组合而成，靠墙的里层是绝热层；中间是一种特殊的调温层，是由经过化学处理的纤维所构成；最外层有无数细孔并印有装饰图案。这种墙纸能自动调节室内温度。

（7）防霉墙纸

在日光难以照射到的房屋，如北边房间、更衣室、洗浴间以及一些低矮阴暗的房间，使用这种含有防腐剂的墙纸，能有效地防霉、防潮。

（8）保温隔热墙纸

德国生产的一种特殊墙纸，具有隔热和保温的性能。这种墙纸只有3mm厚，其保温效果相当于27cm厚的石头墙。

（9）暖气墙纸

英国研制成功一种能够散发热量的墙纸，这种墙纸上涂有一层奇特的油漆涂料，通电后涂料能将电能转化为热量，散发出暖气，适宜冬天贴用。

（10）戒烟墙纸

美国一公司推出可帮助人戒烟的墙纸，这种墙纸在制作过程中加入了一些特殊的化学物质，而这些化学物质能持久地散发出一种特殊气味，若有人吸烟，这种气体就能刺激吸烟者的感觉系统，产生厌恶香烟的感觉，从而促使其戒烟。

5.5.3　墙纸的规格

墙纸的规格一般为以下三种：

窄幅小卷：幅宽530～600mm，长10～12m，每卷为 $5～6m^2$。

中幅中卷：幅宽760～900mm，长25～50m，每卷为 $20～45m^2$。

宽幅大卷：幅宽920～1200mm，长50m，每卷为 $46～90m^2$。

小卷壁纸是生产最多的一种规格，它施工方便，选购数量和花色灵活，比较适合家用，一般用户可自行粘贴。中卷、大卷粘贴效率高，接缝少，适合公共建筑，由专业人员粘贴。

图5-43～图5-52为壁纸在各个空间中的运用及效果。

图5-43 儿童房壁纸工程（1）

图5-44 儿童房壁纸工程（2）

图5-45 儿童房壁纸工程（3）

图5-46 儿童房壁纸工程（4）

图5-47 儿童房壁纸工程（5）

图5-48 女儿房壁纸工程（1）

图5-49 女儿房壁纸工程（2）

5.5.4 墙纸的施工工艺

墙纸的施工工艺如下：

第一，基层处理。基层处理是直接影响墙面效果的关键，墙面要求平整、清洁、干燥，颜色均匀一致，无空隙、凸凹不平等。应对墙体原抹灰层的空鼓、脱落、孔洞等用砂浆进行修补，清除浮松漆面或浆面以及墙面砂粒、凸起等，并把接缝、裂缝、凹窝等用胶油腻子分1～2次修补填平，然后满刮腻子一遍，用砂纸磨平。基层处理并待干燥后，表面满涂基层处理材料一遍，要求薄而均匀，减少因不均而引起的纸面起胶现象。接着在墙面画垂线，纸幅必须垂直，才能使花纹、图案、纵横连贯一致。起线位置从墙的阴角开始，以小于壁纸1～2cm为宜。

第二，对墙纸进行处理。裁纸这道工序很重要，直接影响墙面裱糊质量。应注意花纹的上下方向，每条纸上端根据印花对应，在花纹循环的同一部位裁，并裁成方角。长度根据所需高度而定。比较每条纸的颜色，如有微小差别，应分类并安排在不同的墙面上。裁纸时，主要墙面花纹应对称完整，一个墙面剩下不足一幅壁纸宽时，应将窄条贴在较暗的阴角处。窄条纸宜现用现下料，这是由于裱糊后，壁纸在宽度方向能胀出1cm左右，墙面阴阳角处难免有误差。下料时应核对窄条上下端所需宽度，考虑对缝和错缝关系，手裁的一边只能错缝不能对缝。裁纸完成后，对墙纸进行闷水处理。发泡塑料壁纸吸水后能胀出1cm左右，如在干壁纸上刷胶后立刻上墙，会出现大量折皱。因此，应先把发泡壁纸放在水槽中浸泡，从水槽拿出后把多余水抖掉，静置20分钟左右，使壁纸充分伸胀。

第三，在墙面和壁纸背面同时刷胶。壁纸背面刷胶时，纸上不应有明胶，多余的胶应用干燥棉丝擦去。刷胶不宜太厚，应均匀一致。纸背刷胶后，胶面与胶面应对叠，以避免胶干得太快，也便于上墙。

第四，裱糊工序。这道工序直接决定墙面效果。根据阴角搭缝的里外关系，决定先贴哪一片墙面。贴每一片墙的第一条壁纸前，应先在墙上吊一条垂直线，弹上粉线后用铅笔在粉线上描一条直线。垂直线的位置相当于一幅壁纸宽，并再放宽0.5cm左右。每片墙先从较宽的一角以整幅纸开始，将窄条贴在较暗的一端或门两侧阴角处。裱糊应先从一侧由上而下开始，上端由纸的边端开始粘贴，下端注意对花与接缝，要求接缝严实，用手或棉丝将接缝边10cm处压一下相对固定。由对缝一边开始，上下同时用干净胶刷，并从纸幅中间向上、下划动，不能从上下端向中间赶，使壁纸贴于墙上，不留气泡。赶气泡时，应注意纸对缝的地方，不要错缝或离缝。检查接缝时，注意有错缝或离缝的地方，并适当加以调整，然后用棉丝压实。溢出纸边和纸面上的胶液，要随时用湿棉丝擦洗、清理，保

图5-50 女儿房壁纸工程（3）

图5-51 女儿房壁纸工程（4）

图5-52 老人房壁纸工程

持纸面洁净。阴角也可采用搭缝做法。其做法是：先裱糊压在里面的一幅纸，阴角处转过0.5cm左右。阴角有时不垂直，要核对上下头再决定转过多少。阴角处和纸边要压实，无空鼓。裱糊在外面的一幅纸，纸边应在阴角处。阳角处不留缝。包角要严实，无空鼓、气泡，注意花纹和阳角的直线关系。壁纸上端应在挂镜线下沿，下端在踢脚线上沿。踢脚线处多余部分，应先贴上，顺踢脚线上沿划一折线，将壁纸下端揭起，将多余部分剪去，再将壁纸贴回并压实。壁纸表面轧有花纹，压缝赶气泡时用力要适度，除胶刷和棉丝外，不得使用其他硬质工具，以避免破坏纸面的凹凸、纹理质感。

5.6 玻璃

玻璃是以石英砂、纯碱、石灰石等无机氧化物为主要原料，与某些辅助性原料经高温熔融，成型后经过冷却而成的固体。与陶瓷不同的是，它是无定形、非结晶体的均质同向性材料。

玻璃是现代室内装饰的主要材料之一。随着现代建筑发展和玻璃制作技术的进步，玻璃正在向多品种、多功能方面发展。例如，玻璃制品由单纯的采光和装饰功能，逐渐向控制光线、调节热量、节约能源、控制噪音、降低建筑自重、改善建筑环境、提高建筑艺术等多种功能发展。具有高度装饰性和多种适用性的玻璃新品种不断出现，为室内装饰装修提供了更多选择。

玻璃可分为如下几类：

（1）普通装饰玻璃

①磨砂玻璃

磨砂玻璃又叫毛玻璃、暗玻璃，是普通平板玻璃经机械喷砂、手工研磨或氢氟酸溶蚀等方法，将表面处理成均匀表面制成。由于它表面粗糙，使光线产生漫射，透光而不透视，可使室内光线柔和而不刺眼。常用于需要隐蔽的浴室、卫生间、办公室的门窗及隔断。使用时应将毛面向窗外。

②彩色玻璃

在玻璃熔液中加入混合颜料或者将颜料烘焙在玻璃表面，即可制成彩色玻璃。彩色玻璃被用来制造灯罩和花瓶等装饰品，也可大面积用于玻璃幕墙和建筑门窗上。

③压花玻璃

压花玻璃又称花纹玻璃或滚花玻璃，是采用压延工艺制造的一种平板玻璃。它具有透光不透明的特点，可使光线柔和，起到保护隐私和装饰效果的作用。压花玻璃适用于建筑的室内间隔、卫生间门窗等既需通透又需阻断视线的场所（图5-53）。

④冰花玻璃

冰花玻璃是一种将平板玻璃进行特殊处理而形成的具有不自然冰花纹理的玻璃。它对通过的光线有漫射作用，如用于门窗玻璃，看不清室内的景物，却有良好的透光性能，具有良好的装饰效果。冰花玻璃可用无色平板玻璃制造，也可用茶色、蓝色、绿色等彩色玻璃制造，其装饰效果优于压花玻璃，是一种新型的室内装饰玻璃，常用于宾馆、酒楼等场所的门窗、隔断、屏风和家庭装饰（图5-54）。

⑤镭射玻璃

镭射玻璃是国际上十分流行的一种新型建筑装饰材料。它的特点在于在任何光源照射下，都将因衍射作用而产生色彩的变化。对同一受光点或受光面而言，随着入射光角度及人的视角的不同，所产生的光的色彩及图案也不同（图5-55）。

图5-53 压花玻璃

图5-54 冰花玻璃

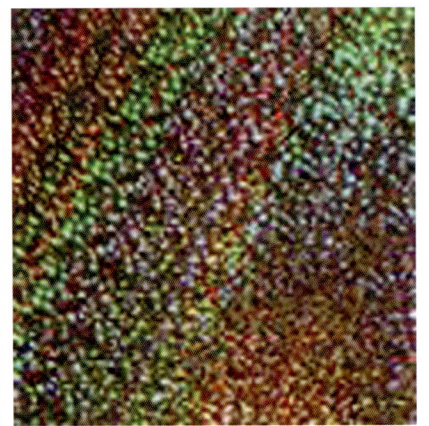
图5-55 镭射玻璃

镭射玻璃大体上可分为两类：一类是以普通平板玻璃为基材制成，主要用于墙面、窗户和顶棚等部位的装饰；另一类是以钢化玻璃为基材制成，主要用于地面装饰。此外，还有用于柱面装饰的曲面镭射玻璃、用于大面积幕墙的夹层镭射玻璃以及镭射玻璃砖等。

（2）安全玻璃

①钢化玻璃

钢化玻璃是将玻璃加热到接近玻璃软化点的温度，经迅速冷却或用化学方法钢化处理所得的玻璃深加工制品。它具有良好的机械性能和耐热冲击性能，又称为强化玻璃。在破碎时出现网状裂纹，或产生细小碎粒，不会伤人，故又称安全玻璃。常用于高层建筑的门、窗、幕墙、屏蔽、商店橱窗以及桌面玻璃等（图5-56）。

②夹丝玻璃

夹丝玻璃也称防碎玻璃或钢丝玻璃。它是将普通平板玻璃加热到红热软化状态，再将预热处理的铁丝或铁丝网压入玻璃中间而制成。表面可以是压花或磨光的，颜色可以是透明或彩色的。较普通玻璃不仅增强了强度，而且由于铁线网的骨架在玻璃遭受冲击或温度剧变时，使其破而不缺，裂而不散，避免棱角的小块碎片飞出伤人。如发生火灾，夹丝玻璃受热炸裂时，仍能保持固定状态，起到隔绝火势的作用，故又称防火玻璃。常用于天窗、顶棚，以及易受震动的门窗。

③夹层玻璃

夹层玻璃是由两片或多片平板玻璃之间嵌夹透明塑料薄片，经加热、加压，黏合而成的平面或弯曲的复合玻璃制品。夹层玻璃的抗冲击性比普通平板玻璃高出几倍，破碎时不裂成碎块，仅产生辐射状裂纹和少量玻璃碎屑，而且碎片仍粘贴在膜片上，不致伤人。因此夹层玻璃也属于安全玻璃。夹层玻璃的透光性好，还具有耐久、耐热、耐湿、耐寒等性质。

夹层玻璃的品种很多，有减薄夹层玻璃、遮阳夹层玻璃、电热夹层玻璃、防弹夹层玻璃、玻璃纤维增强夹层玻璃、报警夹层玻璃、防紫外线夹层玻璃、隔音夹层玻璃等。

夹层玻璃主要用于有特殊安全要求的建筑物门窗、隔墙、工业厂房的天窗和某些水下工程。

④防盗玻璃

防盗玻璃是为防盗而特制的玻璃，即在玻璃中加入信号导线，当玻璃受到冲击断裂时，信号线便能够传送报警信号到控制系统中及时报警。如果在玻璃中加入电热线，还具有加热、防雾的功能。

（3）特种玻璃

①中空玻璃

中空玻璃是由两层或两层以上的平板玻璃原片构成，四周用高强度气密性复合胶粘剂将玻璃、铝合金框和橡皮条或玻璃条黏结，密封，中间充入干燥气体，还可以涂上各种颜色或不同性能的薄膜，框内充以干燥剂，以保证玻璃原片间空气的干燥度。

中空玻璃广泛应用于高级住宅、饭店、宾馆、办公楼、学校、医院、商店等安有室内空调的场合，也可以用于汽车、火车、轮船的门窗等处。

②吸热玻璃

既能保持较高的可见光透过率，又能吸收大量红外辐射的玻璃称为吸热玻璃。

吸热玻璃按颜色分为灰色、茶色、绿色、古铜色、金

图5-56　钢化玻璃在餐厅空间中的运用

色、棕色和蓝色等；按成分可分为硅酸盐吸热玻璃、磷酸盐吸热玻璃、光致变色玻璃和镀膜玻璃等。

吸热玻璃具有许多特性，例如，吸收太阳光辐射；吸收可见光，使刺目的阳光变得柔和，起到反眩作用，特别是在炎热的夏天，能有效改善室内光照，使人感到舒适凉爽；吸收太阳光紫外线，能有效减轻紫外线对人体和室内物品的损害，特别是有机材料，如塑料和家具油漆等，在紫外线作用下易产生老化及褪色；具有一定的透明度，能清晰地观察室外的景物；玻璃色泽经久不变。

如今，吸热玻璃已广泛用于建筑工程的门窗或外墙以及车船的挡风玻璃等。

③热反射玻璃

热反射玻璃是将平板玻璃经过深加工处理制成的一种新型玻璃制品。它既具有较高的热反射能力，又保持了平板玻璃的透光性，具有良好的遮光性和隔热性能。一般用于建筑的门窗及隔墙等处。

热反射玻璃在日晒时能保持室内温度的稳定，使光线柔和，改变建筑物内的色调，避免眩光。镀金属膜的热反射玻璃还有单向透视作用，故可用于建筑的幕墙或门窗，使整个建筑变成一座闪闪发光的玻璃宫殿，映出周围景物的变幻。

④变色玻璃

变色玻璃又称光致变色玻璃或光色玻璃。此玻璃在适当波长光的辐照下改变颜色，移去光源时则恢复其原来的颜色。变色玻璃是在玻璃原料中加入光色材料制成。它还可以反射阳光，改变颜色，调节室内光线，也叫"自动窗帘"。

（4）玻璃砖

玻璃砖是用透明或有色玻璃制成的块状、空心的玻璃制品或块状表面施釉的制品。其品种主要有玻璃空心砖、玻璃饰面砖及玻璃锦砖（马赛克）等。

空心玻璃砖是一种隔音、隔热、防水、节能、透光良好的非承重装饰材料。由两块半坯在高温下熔接而成的玻璃砖可应用于外墙或室内间隔，提供良好的采光效果，起到延续空间的作用。不论是单块镶嵌使用，还是整片墙面使用，皆有画龙点睛之效。

5.7 金属板

从古到今，金属材料在建筑上的应用具有悠久的历史。在现代建筑中，金属材料品种繁多，尤其是钢、铁、铝、铜及其合金材料，其耐久，易加工，表现力强，这些特质是其他材料所无法比拟的。金属材料科技感强，并成为一种新型的"机器美学"的象征。因此，金属材料在现代建筑装饰中被广泛采用，如柱子外包不锈钢板或铜板，墙面和顶棚镶贴铝合金板，楼梯扶手采用不锈钢管或铜管，隔墙、幕墙用不锈钢板等。

金属材料中，作为装饰应用最多的是铝材。近年来，不锈钢的应用大大增加。随着防蚀技术的发展，各种普通钢材的应用也逐渐增加。在历史上，铜材在装饰材料中曾经占重要地位，但新型金属装饰材料的质高价廉已使它失去了竞争力。

金属装饰材料包括各种金属及合金制品，如铜和铜合金制品、铝和铝合金制品、锌和锌合金制品、锡和锡合金制品等，但应用最多的还是铝、铝合金、钢材及其复合制品。

金属板分类如下：

（1）不锈钢

目前，建筑装饰工程中常用的钢材制品主要有不锈钢板、彩色不锈钢板、彩色涂层钢板、彩色压型钢板、塑料复合钢板及轻钢龙骨等。

不锈钢制品在建筑上可用于屋面、幕墙、门、窗、内外墙饰面、栏杆扶手等。不锈钢包柱被广泛用于大型商场、宾馆和餐馆的入口、门厅、中厅等处。不锈钢包柱不仅是一种新颖的、具有较高观赏性的建筑装饰形式，而且由于镜面反射作用，可与周围环境中各种色彩、景物形成交相辉映的效果。在灯光下，还可形成晶莹明亮的高光部分，对空间环境的效果起到强化和烘托的作用。

①彩色不锈钢板

在不锈钢板上进行技术性和艺术性加工，使其表面具有各种绚丽色彩的不锈钢装饰板，其颜色有蓝、灰、紫、红、青、绿、金黄、橙、茶色等多种。

彩色不锈钢板抗腐蚀性强，机械性能较高，彩色面层经久不褪色,色泽随光照角度不同会产生色调变幻,耐盐雾腐蚀性能比一般不锈钢好,耐磨和耐刮性能相当于箔层涂金的性能。彩色不锈钢板可用于厅堂墙板、天花板、电梯厢板、车厢板、招牌等装饰。采用彩色不锈钢板装饰墙面,不仅坚固耐用、美观新颖,而且具有强烈的现代感(图5-57)。

②彩色涂层钢板

这种钢板涂层可分为有机涂层、无机涂层和复合涂层,其中以有机涂层钢板发展最快。有机涂层可以配制各种不同色彩和花纹,故称之为彩色涂层钢板。彩色涂层钢板装饰性强,涂层附着力佳,可长期保持色泽,并且具有良好的耐污染性能、耐高低温性能和耐沸水浸泡性能,另外加工性能也好,可进行切断、弯曲、钻孔、铆接、卷边等。

彩色涂层钢板可用于建筑外墙板、屋面板、护壁板、拱覆系统等;可用于商业亭、候车亭的瓦楞板,工业厂房大型车间的壁板与屋顶等;还可用于防水气渗透板、排气管道、通风管道、耐腐蚀管道、电气设备罩等。

③塑料复合钢板

在建筑方面的应用主要用于墙板、顶棚及屋面板。

④轻钢龙骨

轻钢龙骨是以镀锌钢带或薄钢板由特制轧机以多道工艺轧制而成。它具有强度大、通用性强、耐火性好、安装简易等优点,可装配各种类型的石膏板、钙塑板、吸音板等。用于墙体隔断和吊顶的龙骨支架美观大方。它广泛用于各种民用建筑工程以及轻纺工业厂房等场所,对室内起到装饰造型、隔音等作用。

(2)铝合金

铝强度较低,为提高其实用价值,常在铝中加入适量的铜、镁、锰、硅、锌等元素组成铝合金。

铝中加入合金元素后,其机械性能明显提高,且仍能保持铝质量轻的固有特性,使用范围也更加广泛,不仅用于建筑装饰,还能用于建筑结构。铝合金装饰材料具有重量轻、不燃烧、耐腐蚀、经久耐用、不易生锈、施工方便、装饰华丽等优点。

目前铝合金广泛用于建筑工程结构和建筑装饰,如屋架、屋面板、幕墙、门窗框、活动式隔墙、顶棚、暖气片、阳台和楼梯扶手以及其他室内装修及建筑五金等。

①铝合金门窗

铝合金门窗与普通门窗相比,质量轻,密封性好,色泽美观,耐腐蚀,使用维修方便,强度高,刚度好,坚固耐用,便于工业化生产。

②铝合金装饰板

铝合金装饰板可分为以下几种类型:

铝合金花纹板是采用防锈铝合金等坯料,用特制的花纹轧制而成,花纹美观大方,不易磨损,防滑性能好,防腐蚀性强,便于冲洗,通过表面处理可以得到不同的颜色。花纹板板材平整,裁剪尺寸精确,便于安装,广泛用于墙面装饰、楼梯及楼梯踏板处。

铝合金浅花纹板是优良的建筑装饰材料之一。它花纹精巧别致,色泽美观大方,除具有普通铝板共有的优点外,刚度提高20%,抗污垢、抗划伤、抗擦伤能力均有提高,尤其是增加了立体图案和丰富的色彩,更使建筑物生辉,是我国所特有的建筑装饰产品。

铝及铝合金波纹板是广泛应用的装饰材料,它主要用于墙面装饰,也可用于屋面,其表面经化学处理可得到各种颜色,有较好的装饰效果,又有很强的反射能力,经久耐用。

铝合金穿孔板其材质轻、耐高温、耐腐蚀、防火、防潮、防震、化学稳定性好,造型美观,色泽幽雅,立体感强,装饰效果好,且组装简便,可用于宾馆、饭店、影院、播音室等公共建筑和中高档民用建筑,用来改善音质条件,也可用于各类车间厂房、人防地下室等降噪措施。

③铝合金吊顶龙骨

铝合金吊顶龙骨具有防锈、质轻、防火、抗震、安装方便等特点,适用于室内吊顶装饰。铝合金材料经过电氧化处理后,光亮,防锈,色调柔和。吊顶龙骨呈方格状外

图5-57 彩色不锈钢板

露，美观大方。

(3) 铜制品

铜是我国历史上使用最早、用途较广的一种有色金属。它是一种容易精炼的金属材料，也是一种古老的建筑材料，并广泛用于建筑装饰及各种零部件的制造。在古建筑中，铜材是一种高档的装饰材料，用于宫廷、寺庙、纪念性建筑以及商店铜字招牌等。在现代建筑装饰中，铜材集古朴和华贵于一身，可用于外墙板、执手或把手、门锁、纱窗（紫铜纱窗）、西式高级建筑的壁炉。在卫生器具、五金配件方面，铜材具有广泛的用途，如洗面器、浴盆、妇洗器、座便器、蹲便器、小便器、洗涤盆、淋浴器等的配件一般都选用铜材。经铸造、机械加工成型，表面用镀镍、镀铬工艺处理，具有抗腐蚀、抗氧化性强、色泽光亮的特点，可用于宾馆、旅社、学校、机关、医院等多种建筑中，还可用于楼梯扶手栏杆、楼梯防滑条等。有些西方建筑用铜包柱，光彩照人，美观雅致，光亮耐久，多在本色基础上抛光。高级宾馆、饭店、古建筑中多采用此装饰方式，体现出一种华丽、高雅的格调。另外，在一些高级宾馆中，选用紫铜编织成网，网孔为方形，幅面宽度一致，数目不同，可用于纱门、纱窗、防护罩等。

(4) 铁制品

①铸铁

铸铁是一种廉价的金属材料，它可以在模具中按照设计的要求制成各种各样的形式，整体性较好，并且经久耐用，造型复杂的楼梯栏杆和花园的围栏大多由铸铁材料制成。

②铁艺

铁艺是装饰行业对钢铁制品进行艺术加工的一个特殊名称，主要运用圆钢、方钢、螺纹钢、扁铁、铸铁件等材料，设计制作成金属家具、室内陈设物品、扶手和栏杆、室外庭院围栏、大门、灯具等。铁艺作品轻巧、浪漫，现代风格的颇有休闲味道，古典题材的则表现出贵族气息。

思考题

1．通过资料查找，选择收集如下材料的图片样品，如瓷砖、石材、金属板、玻璃和墙纸，并讨论其工程用途。

2．查找相关资料，认识更多不同的木材名称、纹理及色彩特征。

6

油漆工程施工程序

[学习要点]

- 了解乳胶漆的用途及施工方法。
- 了解聚酯漆的用途及施工方法。
- 了解硝基漆的用途及施工方法。

涂料，我们习惯上称之为油漆。无论是室内装修，还是室外装修，都会用到油漆。油漆不仅可以保护表面，还可起到装饰效果。

6.1 乳胶漆

乳胶漆是以石油化工产品为原料而合成的乳液状黏合剂，可用水稀释，具有不污染环境，安全无毒，无火灾危险，施工方便，涂膜干燥快，不容褪色，透气性好等特点，按使用部位分可分为内墙涂料和外墙涂料；按光泽可分为亚光、半亚光、亮光等。

（1）施工工序

基层检查、修补→刮第一遍内墙腻子找平→阴阳角找直线度→刮第二遍内墙腻子→刮第三遍腻子→砂纸打磨→滚涂第一遍抗碱底漆→墙面局部修补砂纸打磨→滚涂第一遍面漆→滚涂第二遍面漆

（2）施工工艺

①基层处理

首先将墙面等基层上起皮、松动及凹凸处清除凿平，将残留在基层表面上的灰尘、污垢、溅沫和砂浆流痕等杂物清除扫净。用石膏浆将墙面等基层上磕碰的坑凹、缝隙等处找平，干燥后用1号砂纸将凸出处磨平，并将浮尘等扫净。

②阴阳角找直线度

把墨斗紧贴于墙体的阳角处，以最高点为基准弹直线，在另侧墙体用调和好的石膏粉沿已弹好的基准线批刮（图6-1）。待24小时石膏干后，在另一侧墙体上同样找直线度。阴角部位用2m铝合金靠尺贴紧墙体，待干后用同样的方法在另一侧找直线度。

③修补钉眼

图6-2～图6-4为泥工师傅正在修补钉眼的施工情况。

图6-1 乳胶漆工程施工现场（1）

图6-2 乳胶漆工程施工现场（2）

图6-3 乳胶漆工程施工现场（3）

图6-4 乳胶漆工程施工现场（4）

④刮腻子

刮腻子（图6-5）的遍数可由基层或墙面的平整度来决定，一般情况为三遍，腻子的配合比，有两种，一是适用于室内的腻子，其配合比为：聚醋酸乙烯乳液（即白乳胶）：滑石粉或大白粉：2%羧甲基纤维素溶液为1：5：3.5；二是适用于外墙、厨房、厕所、浴室的腻子，其配合比为：聚醋酸乙烯乳液：水泥：水为1：5：1。具体操作方法为：

第一遍用胶皮刮板横向满刮，接头要平整，收尾要干净利落。干燥后用1号砂纸磨，将浮腻子及斑迹磨平、磨光，再将墙面清扫干净。

第二遍用胶皮刮板竖向满刮，所用材料和方法同第一遍腻子，干燥后用1号砂纸磨平并清扫干净。

第三遍用胶皮刮板补腻子，用钢片刮板满刮腻子，将墙面等基层刮平、刮光，干燥后用细砂纸磨平磨光，注意不要漏磨或将腻子磨穿。

⑤滚涂第一遍抗碱底漆

新建建筑物的混凝土或抹灰基层在刷涂料前应涂刷抗碱封闭底漆。滚涂顺序是先刷顶板后刷墙面，刷墙面时应先上后下。先将墙面清扫干净，再用布将墙面粉尘擦净。

⑥滚涂第二遍乳液薄涂料

操作要求同第一遍，乳液薄涂料一般用滚筒涂刷，乳液薄涂料使用前应搅拌均匀，适当加水稀释，防止头遍涂料施涂不开。干燥后复补腻子，待复补腻子干燥后用砂纸磨光，并清扫干净。使用前要充分搅拌，如不是很黏稠，则不宜加水或尽量少加水，以防透底。漆膜干燥后，用细砂纸将墙面小疙瘩和排笔毛打磨掉，磨光滑后清扫干净。

⑦滚涂第三遍乳液薄涂料

操作要求同第二遍乳液薄涂料。由于乳胶漆膜干燥较快，应连续迅速操作，涂刷时从一端逐渐向另一端刷涂，要注意上下顺刷互相衔接，避免出现干燥后再处理接头。图6-6~图6-8是乳胶漆在施工过程中的运用及效果。

图6-5　乳胶漆工程施工现场（5）

图6-6　乳胶漆工程完工（1）

图6-7　乳胶漆工程完工（2）

图6-8　乳胶漆工程完工（3）

6.2 聚酯漆

聚酯漆也叫不饱和聚酯漆，它是一种多组分漆，是以聚酯树脂为主要成膜物制成的一种厚质漆。聚酯漆的漆膜丰满，层厚面硬。聚酯漆也有清漆品种，叫聚酯清漆。

聚酯漆的优点很多，不仅色彩丰富，而且漆膜厚度大，喷涂两三遍即可，并能完全把基层的材料覆盖，制作家具可在密度板上直接刷聚酯漆，对基层材料的要求并不高。聚酯漆的漆膜综合性能优异，由于使用固化剂，使漆膜的硬度更高，坚硬耐磨，耐湿热、干热，耐酸碱油、溶剂以及多种化学药品，绝缘性很高。清漆色浅，透明度、光泽度高，不易褪色，具有很好的保护性和装饰性。聚酯漆的柔韧性差，受力时容易脆裂，一旦漆膜受损不易修复，故搬迁时应注意保护家具。

聚酯漆的缺点在于调配过程较复杂，促进剂、引发剂比例要求严格。配漆后活化期短，必须在20-40分钟内完成，否则会胶化而报废，因此要根据需求随时调配。另外，其修补性能也较差，损伤的漆膜修补后有印痕。聚酯漆施工过程中需要进行固化，固化剂的分量占了油漆总份量三分之一。固化剂也称为硬化剂，其主要成分是TDI（甲苯二异氰酸酯）。这些处于游离状态的TDI会变黄，不但使家私漆面变黄，同样也会使邻近的墙面变黄，这是聚酯漆的一大缺点。目前市面上已经出现了耐黄变聚酯漆，但只能做到"耐黄"而已，还不能做到完全防止变黄（图6-9~图6-13）。

图6-9 聚酯漆工程施工现场（1）

图6-10 聚酯漆工程施工现场（2）

图6-11 聚酯漆工程施工现场（3）

图6-12 聚酯漆工程施工现场（4）

（1）聚酯漆施工前的准备工作

聚酯漆施工前应检查空气压缩机气路，确保没有水分混入油漆中。待施工的家具必须彻底清洁干净，特别注意死角部分。需要用水润湿喷漆房，减少飞尘扬起。准备好工具，如滤布、调漆器皿、清洁用稀释剂、调漆稀释剂、固化剂等。雨天或湿度大的天气避免施工，固化剂会与水分起反应，而造成涂装缺陷。

（2）施工工艺

a 木地板涂装

地板白坯打磨刷1~2遍底漆，再次打磨后刷2~3遍地板漆。如木地板材质高档，可不使用底漆，直接刷涂地板漆；如木地板材质一般，有木眼、木缝，可先在白坯上刮透明腻子1~2遍，打磨平整后再刷涂底漆。

b 透明面漆涂装

白坯打磨刮透明腻子1~2遍后进行第二次打磨，刷1~2遍透明底漆再次打磨，刷清面漆两遍，对于色深、木眼浅的高质板材涂装时不刮腻子。

c 贴纸家具涂装

白坯打磨刷透明漆1遍后进行第二次打磨，贴木纹纸待干后刷底漆1~2遍，再次打磨后刷清面漆1~2遍。

6.3 硝基漆

硝基漆是所有的家具面漆中干燥速度最快的，尽管它很薄，却十分耐用。它有亮光、半亚光和亚光三种，漆色清亮，有多种颜色。

无尘干燥对硝基漆而言不成问题，但由于硝基漆很快便会干燥，有时几乎瞬间便会干燥，因此使用难度较大。不提倡业余人员用刷子涂刷硝基漆；喷涂式硝基漆必须用机动化的喷漆枪来涂刷。硝基漆的喷雾有毒且易爆。由于上述原因，修补时不常使用硝基漆。对于小型作业，可以用喷雾罐来涂刷硝基漆，不过成本很贵，但效果非常好。

硝基漆能在大多数木材上使用，但是不能用在桃花心木和红木上，这些木材中的油质会通过面漆渗出。硝基漆能用在硝基不起毛着色剂（NGR）、水性着色剂以及硝基填充剂之上，而不能用在其他面漆、油性着色剂或其他填充剂上，硝基漆中的溶剂会溶解其他面漆以及不兼容的着色剂和填充剂。

施工工艺如下：

（1）底层基面处理，清理污迹和杂物、木刺，打磨，刷第一遍透明底漆。

（2）待第一遍底漆干后，配相对板材原色腻子进行补填。要求刮平、刮光，不能留有疤痕，严格控制浅色板材不刷底就进行刮腻子填补，同时要注意腻子黏度及颜色。

（3）腻子干后用320目以上的干砂纸打磨，除尘后刷（喷）透明底漆，一般2~3遍（根据木材纹理深、浅确定）。

（4）底漆干后用600目以上干砂纸进行打磨，除尘后喷（刷）亚光、半亚面漆2~3遍。

图6-13 聚酯漆工程施工现场（5）

（5）如需做色施工应注意色差现象，水性做色必须待做色完全干透、除尘后进行底漆施工；如用酸性胶液颜料之类的材料，待干后必须用虫胶液封底后方可涂刷底漆，以免面漆施工后出现脱层、空鼓现象，打磨时注意力度，避免损伤漆面。

（6）为了保护漆膜，增加漆膜外观的效果，可根据客户的要求进行抛光、打蜡工艺，注意抛光、打蜡时不允许有损坏漆膜及透底现象。

思考题

在住宅设计图纸中详细标注乳胶漆、聚酯漆、硝基漆的施工位置，并分析其施工工艺流程。

17 配套工程施工程序

[学习要点]
- 了解洁具、灯具、窗帘及电气工程的安装。

7.1 洁具安装

（1）工艺流程

安装准备→卫生洁具及配件检验→卫生洁具安装→卫生洁具配件预装→卫生洁具稳装→卫生洁具与墙、地缝隙处理→卫生洁具外观检查→通水试验

卫生洁具在稳装前应进行检查、清洗。配件与卫生洁具应配套。部分卫生洁具应先进行预制再安装。

（2）卫生洁具安装

①高水箱、蹲便器安装

a 高水箱配件安装

先将虹吸管、锁母、根母、下垫卸下，涂抹油灰后将虹吸管插入高水箱出水孔。将管下垫、眼圈套在管上，拧紧根母至松紧适度，将锁母拧在虹吸管上，虹吸管方向、位置视具体情况自行确定。将漂球拧在漂杆上，与浮球阀连接好，浮球阀安装与塞风安装略同。拉把支架安装方法为：将拉把上螺母眼圈卸下，再将拉把上螺栓插入水箱一侧的上沿并加垫圈固定。调整挑杆距离，挑杆另一端连接拉把，将水箱备用上水眼用塑料胶盖封好。

b 蹲便器、高水箱稳装

蹲便器、高水箱稳装方法为：首先，将胶皮碗套在蹲便器进水口上，要套正、套牢，用成品喉箍紧固。将预留排水管口周围清扫干净，把临时管堵取下，并检查管内有无杂物。找出排水管口的中心线，并画在墙上，用水平尺量出垂直的位置。将下水管承口内抹上油灰，蹲便器位置下方铺垫白灰膏，然后将蹲便器排水口插入排水管承口内。用水平尺在蹲便器上，沿纵横双向找平、找正，使蹲便器进水口对准墙上中心线。蹲便器两侧用砖砌好，将蹲便器排水口与排水管承口接触处的油灰压实、抹光。最后将蹲便器排水口用临时堵封好。稳装多联蹲便器时，应先检查排水管口标高、甩口距墙尺寸是否一致。找出标准地面标高，测量蹲便器所需高度，用小线找平，找好墙面距离，然后按上述方法逐个进行稳装。

高水箱稳装方法为：高水箱稳装应在蹲便器稳装之后进行。首先检查蹲便器的中心与墙面中心线是否一致，如有错位，应及时调整，以蹲便器平正为宜。确定水箱出水口中心位置，向上测量出规定高度。同时结合高水箱固定孔与给水孔的距离找出固定螺栓高度位置，在墙上画好十字线，剔φ30mm、100mm深的孔眼，用水冲净孔眼内杂物，将燕尾螺栓插入洞内用水泥封牢。将装好配件的高水箱挂在固定螺栓上，加胶垫、眼圈，将螺母拧至松紧适度。多联高水箱应按上述做法先挂两端的水箱，然后挂线拉平、找直，再稳装中间水箱。

高水箱冲洗管的连接方法为：先上好八字门，测量出高箱浮球阀距八字水门中给水管尺寸，配好短节，装在八字水门上与给水管口内。将铜管或塑料管截取所需用量，如需灯叉弯的将其煨好待用。然后将浮球阀和八字水门锁母卸下，背对背套在铜管或塑料管上，两头缠石棉绳或铅油麻线，分别插入浮球阀和八字水门进出口内拧紧锁母。延时自闭冲洗阀的安装方法为：冲洗阀的中心高度为1.1m。根据冲洗阀至胶皮碗的距离，准备好90度弯的冲洗管，使两端合适。将冲洗阀锁母和胶圈卸下，分别套在冲洗管直管段上，将弯管的下端插入胶皮碗内40～50mm，用喉箍卡牢。再将上端插入冲洗阀内，推上胶圈，调直找正，将锁母拧至松紧适度。扳把式冲洗阀的扳手应朝向右侧。按钮式冲洗阀的按钮应朝向正面。

②背水箱座便器安装

a 背水箱配件安装

背水箱中带溢水管的排水口安装与塞风安装相同。溢水管口应低于水箱固定螺孔10～20mm。背水箱浮球阀安装与高水箱相同，有补水管的将补水管上好后，煨弯至溢水管口处。安装扳手时，先将圆盘塞入背水箱左上角方孔内，将圆盘上入方螺母内，用管钳拧至松紧适度，把挑杆煨好匀弯，将扳手轴插入圆盘孔内，套上挑杆拧紧顶丝。安装背水箱翻板式排水时，将挑杆与翻板车用尼龙线连接好。

b 背水箱、座便器稳装

将座便器预留排水管口周围清理干净，取下临时管堵，检查管内有无杂物。将座便器出水口对准预留排水口放平找正，在座便器两侧固定螺栓眼处画好印记，移开座便器，在原位置的纵横方向做好标记。在标记中心处剔φ20mm、60mm深的孔洞，把φ10mm螺栓插入孔洞内用水泥封牢，将座便器试稳，使固定螺栓与座便器吻合，移开座便器。再将座便器排水口及排水管口周围抹上油灰后，将座便器对准螺栓放平、找正，螺栓上套好胶皮垫，眼圈上螺母拧至松紧适度。对准座便器尾部中心，在墙上画好垂直线，在距地平800mm高度画水平线。根据水箱背面固定孔眼的距离，在水平线上画好十字线。在十字线中心处剔φ30mm、70mm深的孔洞，将带有燕尾的镀锌螺栓插入孔洞内，用水泥封牢。将背水箱挂在螺栓上放平、找正。与座便器中心对正，螺栓上套好胶皮垫，安上眼圈、螺母拧

至松紧适度。座便器无进水锁母的可采用胶皮碗连接的方法。上水八字水门的连接方法与高水箱相同。图7-1、图7-2为马桶安装工程完工后的效果。

③ 洗脸盆安装

a 洗脸盆零件安装

安装脸盆下水口方法为：先将下水口根母、眼圈、胶垫卸下，将上垫垫好油灰后插入脸盆排水口孔内，下水口中的溢水口要对准脸盆排水口的溢水口。外面加上垫好油灰的胶垫，套上眼圈，带上根母，再用扳手卡住排水口十字筋，用平口扳手将根母拧至松紧适度。

安装脸盆水嘴的方法为：先将水嘴根母、锁母卸下，在水嘴根部垫好油灰，插入脸盆给水孔眼，再套上胶垫眼圈，带上根母后左手按住水嘴，右手用八字死扳手将锁母拧至松紧适度。

b 洗脸盆稳装

洗脸盆支架安装方法为：应按照排水管口中心在墙上画出竖线，由地面向上量出规定的高度，画出水平线，根据盆宽在水平线上画出支架位置的十字线。按印记剔成φ30mm、120mm深的孔洞。将脸盆支架找平、封牢。再将脸盆置于支架上找平、找正。将架钩钩在盆下固定孔内，拧紧盆架的固定螺栓，找平找正。

铸铁架洗脸盆安装方法为：按上述方法画好十字线，按印记剔成φ15mm、70mm深的孔洞安装好铅皮卷，用螺丝将盆架固定于墙上。将活动架的固定螺栓松开，拉出活动架，将架钩钩在盆下固定孔内，拧紧盆架的固定螺栓，找平、找正。

c 洗脸盆排水管连接

S型存水弯的连接方法为：在脸盆排水口丝扣下端涂铅油，缠少许麻丝。将存水弯上节拧在排水口上，松紧适度。再将存水弯下部的油盘与绳缠好，插在排水管口内。将胶垫放在存水弯的连接处，把锁母用手拧紧后调直、找正，再用扳手拧至松紧适度，用油灰将下水管口塞严、抹平。

P型存水弯的连接方法为：在脸盆排水口丝扣下端涂铅油，缠少许麻丝。将存水弯立节拧在排水口上，松紧适度。再将存水弯横节按所需长度配好。将锁母和护口盘背靠背套在横节上，在端头缠好油盘与绳，试安高度是否合适，如不合适可用立即调整。然后胶垫放在锁口内，将锁母拧至松紧适度。将护口盘内填满油灰后向墙面找平、按实。将外溢油灰除掉，擦净墙面，并将下水口外露麻丝清理干净。

d 洗脸盆给水管连接

首先量好尺寸，配好短管，装上八字水门。再将短管另一端丝扣处涂油、缠麻，拧在预留给水管口至松紧适度。将铜管按尺寸断好，需煨灯叉弯的将弯煨好。将八字水门与水嘴的锁母卸下，背靠背套在铜管上，分别缠好油盘与绳或铅油麻线，上端插入水嘴根部，下端插入八字水门中，分别拧好上、下锁母至松紧适度。找直、找正，并

图7-1　马桶安装工程完工（1）

图7-2　马桶安装工程完工（2）

将外露麻丝清理干净。

④ PT型支柱式洗脸盆安装

a PT型支柱式洗脸盆配件安装

混合水嘴的安装方法为：将混合水嘴根部加1mm厚的胶垫、油灰，插入脸盆上洞中孔内，下端加胶垫和眼圈，扶正水嘴，拧紧根母至松紧适度，带好给水锁母。将冷、热水阀门上盖卸下，退下锁母，将阀门自下而上的插入脸盆的冷、热水孔内。阀门锁母和胶圈套入四通横管，再将阀门上的根母加油灰及1mm厚的胶垫，将根母拧紧与丝扣平。盖好阀门盖，拧紧门盖螺丝。用扳手卡住下水口十字筋，拧入下水三通口，使中口向后，溢水口要对准脸盆溢水眼。将手提拉杆和弹簧万向珠装入三通中心，将锁母拧至松紧适度。再将立杆穿过混合水嘴空腹管至四通下口，四通和立杆接口处缠油盘根绳，拧紧压紧螺母。

b PT型支柱式洗脸盆稳装

按照排水管口中心画出竖线，将支柱立好，将脸盆转放在立柱上，使脸盆中心对准竖线，找平后画好脸盆固定孔眼位置。同时将支柱在地面位置做好印记。按墙上印记剔成φ10mm、80mm深的孔洞，安装好固定螺栓。将地面支柱印记内放好白灰膏，稳好支柱及脸盆，将固定螺栓加胶皮垫、眼圈，带上螺母拧至松紧适度。再将脸盆面找平，支柱找直。将支柱与脸盆接触处及支柱与地面接触处用白水泥勾缝抹光。PT型支柱式洗脸盆给排水管连接方法参照洗脸盆给排水管道安装。

图7-3~图7-6为洗脸盆安装工程完工的效果图。

⑤ 净身盆安装

a 净身盆配件安装

将混合阀门及冷、热水阀门的门盖卸下，下根母调整适当，以三个阀门装好后上根母与阀门颈丝扣基本相平为宜。将预装好的喷嘴转心阀门装在混合开关的四通下口。将冷、热水阀门的出口锁母套在混合阀门四通横管处，加胶圈或缠油盘根装在一起，拧紧锁母。将三个阀门门颈处加胶垫，同时由净身盆自下而上穿过孔眼。三个阀门上加胶垫、眼圈，拧紧好根母。混合阀门上加角形胶垫及少许油灰，扣上长方形镀铬护口盘，拧紧好根母。然后将空心螺栓穿过护口盘及净身盆。盆下加胶垫眼圈和根母，拧紧根母至松紧适度。将混合阀门上根母拧紧，其根母应与转

图7-3　洗脸盆安装工程完工（1）

图7-4　洗脸盆安装工程完工（2）

图7-5　洗脸盆安装工程完工（3）

图7-6　洗脸盆安装工程完工（4）

心阀门颈丝扣平为宜。将阀门盖放入阀门挺旋转,能使转心阀门盖转动30度即可。再将冷、热水阀门的根母对称拧紧。分别装好三个阀门门盖,再拧紧冷、热水阀门门盖上的固定螺丝。

喷嘴安装方法为:将喷嘴靠瓷面处加1mm厚的胶垫,抹少许油灰,将定型铜管一端与喷嘴连接,另一端与转心阀门连接。拧紧锁母,转心阀门须的朝向与四通平行,以免影响手提拉杆的安装。

排水口安装方法为:将排水口加胶垫,穿入净身盆排水孔眼,拧入排水三通上口。同时检查排水口与净身盆排水孔眼的凹面是否紧密,如有松动及不严密现象,可将排水口锯掉一部分,尺寸合适后,将排水口圆盘下加抹油灰,外面加胶垫、眼圈,用叉扳子卡住排水口内十字筋,使溢水口对准净身盆溢水孔眼与排水三通相接。

手提拉杆安装方法为:将挑杆弹簧珠装入排水三通中口,拧紧锁母至松紧适度。然后将手提拉杆插入空心螺栓,用卡具与横挑杆连接,调整定位,使手提拉杆活动自如。

净身盆配件装完以后,应接通临时水试验无渗漏后方可进行稳装。

b 净身盆稳装

将排水预留管口周围清理干净,取下临时管堵,检查有无杂物。将净身盆排水三通下口铜管装好,净身盆排水管插入预留排水管口内,再将净身盆稳平找正。净身盆尾部距墙尺寸一致。净身盆固定螺栓孔及底座画好印记后移开净身盆,并将固定螺栓孔剔成$\phi 20 \times 60mm$孔眼,随后把螺栓插入洞内栽好。再将净身盆孔眼对准螺栓放好,与原孔吻合后再将净身盆下垫好白灰膏,排水铜管套上护口盘。固定螺栓上加胶垫、眼圈,拧紧螺母。清除余灰,擦拭干净。将护口盘内加满油灰,与地面按实。净身盆底座与地面有缝隙之处,嵌入白水泥浆补齐、抹光。

⑥平面小便器安装

首先,对准给水管中心画一条垂线,由地平向上量出规定的高度画一水平线。根据产品规格尺寸,由中心向两侧固定孔眼的距离,在横线上画好十字线,再画出上、下孔眼的位置。将孔眼位置剔成$\phi 10mm$、60mm深的孔眼,栽入$\phi 6mm$螺栓。托起小便器挂在螺栓上,把胶垫、眼圈套入螺栓,将螺母拧至松紧适度。将小便器与墙面的缝隙嵌入白水泥浆补齐、抹光。其他安装方法同上。

⑦立式小便器安装

立式小便器安装前应检查给、排水预留管口是否在一条垂线上,间距是否一致。符合要求后按照管口找出中心线。将下水管周围清理干净,取下临时管堵,抹好油灰,在立式小便器下铺垫水泥、白灰膏的混合灰。将立式小便器稳装找平、找正。立式小便器与墙面、地面缝隙嵌入白水泥浆抹平、抹光。

将八字水门丝扣抹铅油、缠麻、带入给水口,用扳子上至松紧适度。其护口盘应与墙面靠严。八字水门出口对准鸭嘴锁口,量出尺寸,断好铜管,套上锁母及扣碗,分别插入鸭嘴和八字水门出水口内。缠好油盘根绳拧紧锁母拧至松紧适度,然后将扣碗加油灰按平。

⑧浴盆安装

浴盆稳装方法为:浴盆稳装前应将浴盆内表面擦拭干净,同时检查瓷面是否完好。带腿的浴盆先将腿部的螺丝卸下,将拨销母插入浴盆底卧槽内,把腿扣在浴盆上带好螺母拧紧找平。浴盆如砌砖腿时,应配合土建施工把砖腿按标高砌好。将浴盆稳于砖台上,找平、找正。浴盆与砖腿缝隙处用1:3水泥砂浆填充抹平。

浴盆排水安装方法为:将浴盆排水三通套在排水横管上,缠好油盘根绳,插入三通中口,拧紧锁母。三通下口装好铜管,插入排水预留管口内。将排水口圆盘下加胶垫、油灰,插入浴盆排水孔眼,外面再套胶垫、眼圈,丝扣处涂铅油、缠麻。用叉扳手卡住排水口十字筋,上入弯头内。将溢水立管下端套上锁母,缠上油盘根绳,插入三通上口对准浴盆溢水孔,带上锁母。溢水管弯头处加1mm厚的胶垫、油灰,将浴盆堵螺栓穿过溢水孔花盘,上入弯头"一"字丝扣上,无松动即可。再将三通上口锁母拧至松紧适度。浴盆排水三通出口和排水管接口处缠绕油盘根绳捻实,再用油灰封闭。

混合水嘴安装方法为:将冷、热水管口找平、找正。把混合水嘴转向对丝抹铅油,缠麻丝,带好护口盘,用扳手插入转向对丝内,分别拧入冷、热水预留管口,校好尺寸,找平、找正。使护口盘紧贴墙面。然后将混合水嘴对正转向对丝,加垫后拧紧锁母找平、找正。用扳手拧至松紧适度。

水嘴安装方法为:先将冷、热水预留管口用短管找平、找正。如暗装管道进墙较深者,应先量出短管尺寸,套好短管,使冷、热水嘴安完后距墙一致。将水嘴拧紧找正,除净外露麻丝。

⑨淋浴器安装

镀铬淋浴器安装方法为:暗装管道先将冷、热水预留管口加试管找平、找正。量好断管尺寸,然后再断管、套丝、涂铅油、缠麻,将弯头上好。淋浴器锁母丝头处抹油、缠麻。用扳手卡住内筋,上入弯头或管箍内。再将淋浴器对准锁母外丝,将锁母拧紧。将固定圆盘上的孔眼找平、找正。画出标记,卸下淋浴器,将印记剔成$\phi 10mm$、

40mm深的孔眼，安装好铅皮卷。再将锁母外丝口加垫抹油，将淋浴器对准锁母外丝口，用扳手拧至松紧适度。将固定圆盘与墙面靠严，孔眼平正，用木螺丝固定在墙上。将淋浴器上部铜管预装在三通口上，使立管垂直，固定圆盘与墙面贴实，孔眼平正，画出孔眼标记，栽入铅皮卷，锁母外加垫抹油，将锁母拧至松紧适度。固定圆盘采用木螺丝固定在墙面上。

铁管淋浴器的组装方法为：铁管淋浴器的组装必须采用镀锌管及管件，阀门及各部尺寸必须符合规范规定。由地面向上量出1.15m，画一条水平线，为阀门中心标高。再将冷、热阀门中心位置画出，测量尺寸，配管上零件。阀门上应加活接头。根据组数预制短管，按顺序组装，立管栽固定立管卡，将喷头卡住。立管应吊直，喷头找正。安装时应注意男、女浴室喷头的高度。

图7-7、图7-8为沐浴器安装完工后的效果。

7.2 灯具安装

安装工艺流程如下：

熟悉图纸→检查灯具→安装灯具→通电试运行

（1）熟悉图纸

灯具安装前应熟悉电气安装图纸，根据图纸准备好材料。灯具的型号、规格、数量要符合设计要求。

（2）检查灯具

①各种灯具的型号、规格及外观质量必须符合设计要求和国家标准，且厂家提供的技术文件中应有灯具组装、安装说明及合格证。

②灯具的配线应齐全，无机械损伤、变形、油漆剥落、灯罩破裂、灯箱歪斜等现象。

③灯内配线检查：灯内配线应符合设计要求及有关规定，导线绝缘良好，无漏电现象；穿入灯箱的导线在分支连接处不得承受额外压力和磨损，多股软线的端头需盘圈、涮锡；灯箱内的导线不应过于靠近热光源，并采取隔热措施，灯具内配线应严禁外露；使用螺纹灯时，相线必须压在灯芯柱上；荧光灯接线按厂家提供的接线图正确接线。

④特种灯具检查：各种标志灯的指示方向正确无误；应急灯必须灵敏可靠；事故照明灯具应有特殊标志；供局部照明的变压器必须是双圈的，应装有熔断器；携带式局部照明灯具用橡套导线。

（3）灯具安装

①一般要求

安装电气照明装置一般采用预埋接线盒、吊钩、螺钉、膨胀螺栓或塑料塞等固定方法，严禁使用木楔固定。照明灯具在易燃结构、装饰部位及木器家具上安装时，灯具周围应采取防火隔热措施，并选用冷光源的灯具。安装在绝缘台上的电气照明装置，导线的接头绝缘部分应伸出绝缘台表面。电气照明装置的接线应牢固，电气接触应良好；需接地或接零的灯具，非带电金属部分应有明显标志的专用接地螺丝。

在额定电压220V下金属灯具的保护接地要求：安装距

图7-7 淋浴器安装工程完工（1）

图7-8 淋浴器安装工程完工（2）

地面高度低于2.4m的灯具时,其金属外壳必须连接保护地线;在能进人的吊顶上安装一般及特殊用途的灯具,由于使用及维修不便,安全起见,灯具金属外壳应连接保护地线;灯具的保护接地线应与灯具的专用接地螺丝可靠连接,其保护接地线截面应根据灯具的相线截面选择,当灯具相线截面小于1.5mm²时,应选择其保护线截面不小于1.5mm²铜芯绝缘线。

灯具固定应牢固可靠,每个灯具固定用的螺丝或螺栓不少于2个。当吊灯灯具重量大于3kg时,应采用预埋吊钩或螺栓固定。当软线吊灯灯具重量大于0.5kg时,应增设吊链或用钢管来悬吊灯具。采用钢管做灯具的吊杆时,钢管内径一般不小于10mm,壁厚不小于15mm。链吊式灯具的吊链应使用法兰盘、镀锌铁链或承载电线等配套产品。吊链灯的灯具不应承受拉力,灯线必须与吊链编插在一起。软线吊灯的软线两端应做保护扣,两端线芯必须涮锡。带有镇流器的软线吊灯,吊线应选用护套软线或套上塑料软管予以保护,灯口应选用安全灯口。吊线垂直展开后灯底部距地面距离应按图施工,图纸未明确时不低于0.8m。

在潮湿或有腐蚀气体的地方安装木台时,应加设橡皮垫圈,木台四周刷一遍防水漆,再刷两遍白漆。以保持木质干燥。在保证灯具底座不露光及维修不损坏吊顶的情况下,为节省原材料,底座在φ250mm以上的灯具吸顶安装时可不加装木台。

嵌入顶棚内的照明灯具安装应符合下列要求:灯具的灯头引线应选用与配管材质相同的金属软管或阻燃波纹管对其进行保护,其管长度不超过一米;灯头线保护软管的两端用软管专用接头分别与线管、灯头盒及灯具的箱罩、接线盒连接牢固;灯具应固定在专设的框架上,不应使吊顶龙骨承受其荷载。

②塑料(木)台安装

在顶板上安装塑料(木)台前,先将塑料(木)台的出线孔钻好,木台的厚度不小于12mm,然后检查灯线回路是否正确,在圆孔板上固定塑料(木)台时,将灯线从塑料(木)台的出线孔中穿出,将塑料(木)台紧贴住建筑物表面并对准灯头盒螺孔,用螺丝将塑料(木)台固定牢固。

③灯座(平座式)安装

将从塑料(木)台出线孔甩出的相线与平式灯座中心接线柱触点相连,把零线接到灯座螺口接线柱触点上,然后将灯座与塑料(木)台用螺丝固定好。应注意在接线时防止螺口及中心触点固定螺丝松动,以免发生短路故障。

④用吊线盒安装白炽软线吊灯

软线加工:软线吊灯安装前应根据图纸计算灯具数量及安装高度,留出灯线长度进行组装。首先将掐好的灯线两端涮锡,套上保护用的塑料软管,一端接好灯座,另一端穿上吊线盒的盒盖,由于吊线盒和灯座的接线螺丝不能承受灯具的重量,因此灯线在吊线盒盖和灯座内应打好结扣,使结扣处在吊线盒和灯座的出线孔处,之后准备进行现场安装。如果使用螺日灯座,相线应接于灯座的顶芯,零线应接于螺丝外皮。

灯具安装:把从塑料(木)台甩出的接灯线留出适当的维修长度,削出线芯,然后穿入吊线盒的底座线孔内,将吊线盒底座用螺丝固定在塑料(木)台中心上。软线吊灯用胶质吊线盒,在潮湿处用瓷质吊线盒,将吊线盒盖内的灯头线与吊线盒底座的螺丝进行紧固,之后拧上盒盖,将吊灯放垂直,安装即可完毕(图7-9、图7-10)。

⑤用法兰盘安装白炽软线吊灯

软线加工安装:吊灯应根据设计数量及安装高度留好灯线长度进行组装。首先将灯线两端涮锡,套上保护用的塑料软管,一端接好灯座,另一端穿入法兰盘内,打好接扣后准备进行现场安装。

灯具安装:将从塑料(木)台甩出的接灯线留出适当维修长度,削出线芯,线芯应高出塑料(木)台的台面。首先将法兰盘内的吊灯软线在从塑料(木)台甩出的接灯

图7-9 灯具安装工程完工(1)

图7-10 灯具安装工程完工(2)

线线芯上缠绕5圈后，将接灯线芯折回压紧、涮锡后，用塑料胶带和黑胶布分层包扎紧密，将包好的接头调顺，扣于法兰盘内，法兰盘与塑料（木）台中心找正后用木螺丝固定即可。

⑥自在器安装白炽软线吊灯用

软线加工：首先根据灯具的安装高度及数量，把灯吊线全部预先留好，保证在吊线全部放下后，其灯泡底部距地面高度为0.8～1.1m之间。将吊线两端线芯削出进行涮锡，根据已留好的吊线长度截取软塑料管，并将塑料管的两端管头剪成两半，其长度为20mm，然后把吊线穿入塑料管，把自在器穿套在塑料管上。将吊盒盖和灯座盖分别套入吊线两端，再将剪成两半的软塑料管端头紧密搭接，加热黏合，然后合上保险扣，将灯座盖盖好，准备进行现场安装。

灯具安装：安装前首先将塑料（木）台甩出的接灯线与吊线盒底座接线螺丝进行连接，并固定吊线盒底座，之后将已经组装好的吊盒内的灯线与吊线盒底座接线螺丝进行连接，拧紧吊线盒盖，将吊灯放垂直即可安装完毕。

⑦壁灯安装

用接线盒安装壁灯时，首先根据灯具的外形选择合适的塑料（木）台，把灯具摆放在上面，四周留出的余量要对称，然后用电钻在木台上开出线孔和安装孔，在灯具的底板上开安装孔，将灯具的灯头线从木台的出线孔中甩出，在接线盒内接头，并包扎严密，将接头塞入盒内，之后把塑料（木）台对正接线盒，紧贴墙面，用机螺丝将塑料（木）台直接固定在盒子两端的螺孔上，调整塑料（木）台使其平整，最后配好灯泡、灯伞或灯罩。安装在室外的壁灯应打泄水孔，木台与墙面之间应加胶垫。

⑧普通白炽吸顶灯安装

首先将木台固定在天花板的预埋件或盒子上，在吸顶灯安装前需在灯具的底座与木台之间铺垫石棉板，再将灯具与木台进行固定，无木台时可直接把灯具底板与建筑物表面用螺栓固定。然后进行灯具的接线，若灯泡与木台过近，需要在灯泡与木台中间做隔热措施，在灯位盒上安装吸顶灯，其木台应完全遮住灯位盒。

⑨组合式吸顶花灯安装

a 组合式吸顶花灯的组装

首先将灯具的托板放平，如托板为多块组成，就要将所有的边框对齐，并用螺丝固定，将其连成一体，然后按照说明书及示意图将各个灯头装好。确定出线和走线的位置，将瓷接头用机螺丝固定在托板上。根据已固定好的瓷接头至各灯头的距离留线，将留好的导线削出线芯，盘好圈后进行涮锡，然后压入各个灯头，理顺各灯头的相线和零线，用线卡分别固定后按供电要求分别压入。瓷接头灯具组装完后，根据预埋的螺栓和灯头盒的位置，在灯具的托板上找出或用电钻开好安装孔和出线孔，准备进行现场安装。

b 灯具安装

安装时先将托板托起，将电源线与从组装灯具甩出的导线连接并包扎严密，将导线塞入灯头盒内，然后将托板的安装孔对准预埋螺栓，使托板四周和顶棚贴紧，用螺母将其拧紧，调整好各灯口，并上好灯泡，悬挂好灯具的各种饰物即可（图7-11～图7-14）。

⑩组装式吊链荧光灯安装

灯具组成：包括灯管、启辉器和镇流器，以及灯架、灯座和启辉器座等附件。

灯具组装：根据灯具的安装高度进行组装，留好灯具接线长度，两端涮锡，将吊链挂在灯箱挂钩上。先将管座、镇流器和启辉器座安装在灯架的相应位置上，连接镇流器到一侧灯管的接线，再连接启辉器座到两侧管座的接线，再用软线连接好镇流器及管座另一端，并由灯架出线孔穿出灯架，在灯架的出线孔处套上软塑料管以保护导

图7-11 组合式吸顶花灯（1）

图7-12 组合式吸顶花灯（2）

线，导线与吊链叉编在一起穿入法兰盘，应注意这两根导线中间不应有接头，连接处均应挂锡。组装式吊链荧光灯在安装前集中加工，经通电试验后再进行现场安装。

灯具安装：在建筑物顶棚上安装塑料（木）台，将吊盒或法兰固定在塑料（木）台中心。安装时将灯具导线与吊线盒或法兰盘内甩出的电源线进行连接，当在法兰盘内连接时用塑料胶带和黑胶布分层包扎紧密，理顺接头扣于法兰盘的中心内并固定法兰盘，将灯具的反光板用机螺丝固定在灯箱上，调整好灯角后将灯管装上即可（图7-15、图7-16）。

⑪荧光吸顶灯安装

根据已敷设灯位盒的位置，确定出荧光灯的安装位置，按灯位盒安装孔的位置，将荧光灯贴紧建筑物表面，荧光灯的灯箱应完全遮盖住灯头盒。在灯箱的底板上用电钻打安装孔，并在灯箱对着灯位盒的位置同时打进线孔。安装时，在进线孔处套上软塑料管保护导线，将电源线引入灯箱内，用机螺丝固定灯箱，在灯箱的另一端应使用胀管螺栓固定，使其紧贴在建筑物表面上，并将灯箱调整顺直。灯箱固定后，将电源线压入灯箱的端子板上，把灯具的反光板固定在灯箱上，最后安装荧光灯管（图7-17）。

⑫荧光吸顶灯在吊顶上的安装

灯具组装：为了防止灯管掉下，应选用弹簧灯座，在安装镇流器时，要按照镇流器的接线图施工，特别是附加镇流器不能接错，否则会损坏灯管。选用的镇流器、启辉器与灯管要匹配，不能随便代用，荧光灯的组装按说明书及组装接线图进行。

灯具安装：荧光灯安装在吊顶上，轻型灯具应用自攻螺丝将灯箱固定在龙骨上；当灯具重量超过3kg时，不应将灯箱与吊顶龙骨直接相连接，应使用吊杆螺栓与设置在吊顶龙骨上的固定灯具的专用龙骨连接；大（重）型的灯具

图7-13 组合式吸顶花灯（3）

图7-14 组合式吸顶花灯（4）

图7-15 组装式吊链萤光灯（1）

图7-16 组装式吊链萤光灯（2）

图7-17 萤光吸灯灯

专用龙骨应使用吊杆与建筑物结构相连接。灯箱固定后，将电源线压入灯箱内的瓷接头上，把灯具的反光板固定在灯箱上，并将灯箱调整顺直，最后把荧光灯管装好即可。

⑬嵌入式灯具安装

嵌入筒灯一般安装在吊顶的罩面板上。嵌入式灯具应采用曲线锯挖孔，灯具与吊顶面板保持一致。其他小型灯具可安装在龙骨上，大型嵌入式灯具安装时则应采用在混凝土板中伸出支承铁架，与铁件相连接的方法。

顶棚开孔：灯具安装前应熟悉灯具样本，了解灯具的形式及连接构造，以便确定埋件位置、开口位置及大小。先以罩面板按灯具开口大小围合成孔洞边框，此边框即为灯具提供连接点，大的吸顶灯可在龙骨上需要补强的部位增加附加龙骨，做成圆开口或方开口。

灯具安装：在吊顶安装后，根据灯具的安装位置进行弹线，确定灯具支架固定点位置。轻型灯具可以直接固定在主龙骨上；大型灯具在预埋螺栓、吊钩、吊杆或吊顶上嵌入式安装专用骨架等物件上安装时，应按两倍于灯具的重量做承载试验，并填写"大型照明灯具承载试验记录表"。其目的是检验其固定程度是否符合设计要求，以保证安全。应根据灯具的安装位置，用预埋件或使用膨胀螺栓把支架固定牢固。重量超过3kg的大型嵌入式灯具，在楼板施工时应把预埋件埋好，且埋件的位置要求准确。

灯具支架固定后，将灯箱用机螺丝固定在支架上，再将电源线引入灯箱与灯具的导线连接并包扎紧密。调整各个灯口和灯脚，装上灯泡或灯管。灯具的电源线不应贴近灯具外壳，接灯线长度要适当留有余量。最后调整灯具，安装灯罩，调整灯具的边框与顶棚面的装修直线平行即可（图7-18~图7-26）。

图7-18 嵌入式灯具（1）

图7-19 嵌入式灯具（2）

图7-20 嵌入式灯具（3）

图7-21 嵌入式灯具（4）

图7-22 嵌入式灯具（5）

图7-23 嵌入式灯具（6）

图7-24 嵌入式灯具（7）

图7-25 嵌入式灯具（8）

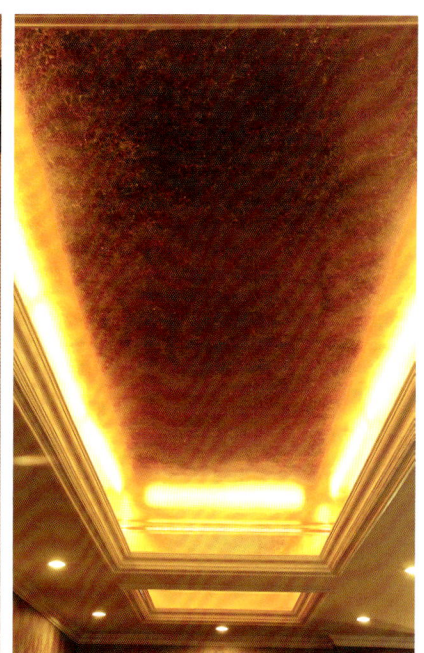
图7-26 嵌入式灯具（9）

⑭吊杆灯安装

灯具组成：吊杆灯具是由吊杆、法兰盘、灯座或灯架组成。白炽灯出厂前已是组装好的成品，而荧光吊杆灯需要进行组装。采用钢管做灯具的吊杆时，钢管内径一般不小于10mm。

灯具组装：白炽灯软线加工后，与灯座连接好，将一端穿入吊杆内，由法兰盘穿出，导线露出吊杆管的长度不应小于150mm。

灯具安装：先固定木台，然后把灯具用木螺丝固定在木台上。超过3kg的灯具吊杆应吊挂在预埋的吊钩上。灯具固定牢固后再拧紧法兰顶丝，应使法兰在木台中心，偏差不大于2mm，安装好的吊杆应垂直。双杆吊杆荧光灯安装后双杆应平行。

⑮吊式花灯安装

吊式花灯组装：首先按照从灯具本身接线盒到各个灯头的距离留线，将留好的导线从各个灯头穿至灯具本身的接线盒内，然后将与灯头连接的导线一端盘圈、涮锡后，压在各个灯头接线柱上；导线另一端涮锡，在接线盒内理顺各个灯头的相线和零线，根据相序分别连接、包扎并甩出电源引入线，从吊杆中穿出。

吊式花灯安装：固定花灯的吊杆，其圆钢φ不小于灯具吊挂销钉的φ，且不小于6mm。将组装好的灯具托起，并将预埋的吊杆插入灯具内，吊挂销钉插入后将其尾部摆开呈燕尾状，将其压平，导线接头，包扎严密，理顺后向上推起灯具上部的扣碗，将接头扣于其内，并将扣碗紧贴顶棚，拧紧固定螺丝，调整各个灯口，安装好灯泡、灯罩。

⑯特种灯具的安装

行灯安装：电压不得超过36V；灯体及手柄应绝缘良好，坚固耐热、耐潮湿；灯头与灯体结合紧密，灯头应无开关；灯泡外部应有金属保护网；金属网、反光罩及悬吊挂钩应固定在灯具的绝缘部分上。在特别潮湿场所或狭窄、行动不便的场所，行灯电压不得超过12V。

金属卤化物灯安装：灯具安装高度在5m以上；电源线经接线柱连接，不得使电源线靠近灯具的表面；灯管必须与触发器和限流器配套使用。投光灯的底座应固定。容量在100W以上的事故照明的线路和白炽灯泡密封安装时应使用耐温线。

7.3 橱柜安装

工艺流程如下：

配料→划线→榫槽及拼板施工→组装→面板的安装→脚线收口

（1）配料

配料应根据家具结构与木料的使用方法进行安排，主要分为木方料的选配和胶合板下料布置两个方面。应先配长料和宽料，后配小料；先配长板材，后配短板材。对于木方料的选配，应先测量木方料的长度，然后再按家具的竖框、横档和腿料的长度尺寸要求放长30~50mm截取。木方料的截面尺寸在开料时应按实际尺寸的宽、厚各放大3~5mm，以便刨削加工。

对于木方料进行刨削加工时，应首先识别木纹。不论是机械刨削还是手工刨削，均应按顺木纹方向。先刨大面，再刨小面，两个相邻的面刨成90度角。

（2）划线

划线前要备好量尺、木工铅笔、角尺等，应认真看懂图纸，清楚理解工艺结构、规格尺寸和数量等技术要求。首先检查加工件的规格、数量，并根据各工件的表面颜色、纹理等因素确定其正反面，并作好临时标记。在需要对接的端头留出加工余量，用直角尺和木工铅笔画一条基准线。若端头平直，又属做开榫一端，即不画此线。

根据基准线，用量尺画出所需的总长尺寸线或榫肩线。再以总长线和榫肩线为基准，完成其他所需的榫眼线。可将两根或两块相对应位置的木料拼合在一起进行画线，画好一面后，用直角尺把线引向侧面。所画线条必须准确、清楚。划线之后，应将空格相等的两根或两块木料颠倒并列进行校对，检查画线和空格是否准确相符，如有差别，即说明其中有误，应及时校正。

（3）榫槽及拼板施工

榫的种类主要分为木方连接榫和木板连接榫两大类，但具体形式较多，分别适用于木方和木质板材的不同构件连接。如木方中榫、木方边榫、燕尾榫、扣合榫、大小榫、双头榫等。

在室内家具制作中，采用木质板材较多，如台面板、橱面板、搁板、抽屉板等，都需要拼缝结合。常用的拼缝结合形式有以下几种：高低缝、平缝、拉拼缝、马牙缝。

板式家具的连接方法较多，主要分为固定式结构连接与拆装式结构连接两种。

（4）组装

木家具组装分为部件组装和整体组装。组装前，应将所有的结构件用细刨刨光，然后按顺序进行装配，装配时应注意构件的部位和正反面。衔接部位需涂胶时，应刷涂均匀并及时擦净挤出的胶液。锤击装拼时应将锤击部位垫上木板，不可猛击；如有拼合不严处，应查找原因并采取修整或补救措施，不可硬敲硬装。各种五金配件的安装位置应定位准确，安装严密、方正牢靠，结合处不得歪扭、松动，不得缺件、漏钉和漏装。

（5）面板的安装

如果家具表面做油漆涂饰，其框架的外封板一般也是面板；如果家具表面是使用装饰细木夹板进行饰面，或用塑料板做贴面，那么家具框架外封板就是其饰面的基层板。饰面板与基层板之间多采用胶粘贴合。饰面板与基层粘合后，需在其侧边使用封边木条、木线、塑料条等材料进行封边收口，原则上凡是直观的边部，都应封堵严密，以求美观。

（6）线脚收口

采用木质、塑料或金属线脚（线条）对家具进行装饰并统一室内整体装饰风格的做法，是当前运用比较广泛的一种装饰方式。其线脚的排布与图案造型形式，可灵活多变，但也不宜过于烦琐。

边缘线脚：装饰于家具、固定配置的台面边缘及家具与底脚交界处等部位，作为封边、收口和分界的装饰线条形式，使室内陈设的观面达到完美。同时，通过封边收口，可使板件内部不易受到外界温度、湿度的较大影响而保持一定稳定性。常用的材料有实木条、塑料条、铝合金条、薄木单片等。

实木封边收口常用钉胶结合的方法，粘结剂可用万能胶、白乳胶、木胶粉。塑料条封边收口一般是采用嵌槽加胶的方法进行固定。铝合金条封边收口时，铝合金封口条有L型和槽型两种，可用钉或木螺丝直接固定。薄木单片和塑料条封边收口，先用砂纸磨除封边处的木渣、胶迹等并清理干净，在封口边刷一道稀甲醛作填缝封闭层，然后在封边薄木片或塑料条上涂万能胶，对齐边口贴放。用干净抹布擦净胶迹后，再用熨烫压，固化后切除毛边和多余处即可。对于微薄木封边条，也有的直接用白乳胶粘贴；对于硬质封边木片也可采用镶装或加胶加钉安装的方法。

图7-27~图7-29为厨柜安装工程完工效果图。

7.4 铝合金门窗安装

（1）工艺流程

弹线找规矩→门窗洞口处理→防腐处理及埋设连接件→门窗就位临时固定→门窗固定→门窗扇安装→门窗口四周堵缝、密封嵌缝→安装五金配件→安装窗纱、密封条→清理。

（2）具体工艺

在最顶层找出门窗口边线，用线坠将门窗边线找出，高层用经纬仪操作。在每层门窗口处划标记线，对不直的口边及时处理。门窗口水平位置以楼层层高50cm水平线为准。量出窗下标高并弹线找直。

根据外墙大样图及窗台板宽度，确定门窗安装位置。遇外墙厚度有偏差时，以同一房间窗台板外露尺寸一致为准，窗台板应深入窗下5mm。

门窗框两侧的防腐工程按设计要求进行。如设计无要求，可涂刷防腐材料或粘塑料薄膜保护，避免水泥砂浆与铝合金表面接触，腐蚀铝合金门窗。铝合金门窗安装时如采用连接铁件固定时，宜选用不锈钢件，普通铁件须经防腐处理方可使用。

按设计要求将披水条固定在铝合金窗上，保证安装位置正确、牢固。将门窗按位置线放好，吊直找正，用木楔临时固定。

铝合金门窗与墙体固定一般应采用以下两种方法：第一种，沿窗框用电锤在外墙上打孔，把燕尾铁脚或Y型φ6mm钢筋粘上水泥砂浆打入孔中，待水泥终凝后将连接铁脚与其焊牢。第二种，将连接铁件与预埋钢板焊接。以上两种方法中，铁脚距窗角距离应小于180mm，铁脚间距应小于600mm。在重点工程中，铝合金门窗宜加附框。先将附框固定在墙上，然后进行墙面抹灰，再将门窗用ST5镀锌自攻螺丝固定到附框上，固定点距门窗两端小于120mm，间距应小于500mm。框与墙体固定方式跟铝合金门窗与墙体固定方式相同。门窗框安装完成后，严禁将其作为架高支点，室内运输时严禁砸、碰，防止损坏。

铝合金门窗固定以后，应及时处理门窗框与墙体缝隙。若设计未规定填塞材料，可用矿棉或玻璃毡条分层填塞缝隙，也可用聚氨酯发泡密封胶填充。外表面留5~8mm深槽口填嵌缝膏。

根据地弹簧安装位置，提前剔洞。将弹簧放入凹坑内，用水泥砂浆固定。注意弹簧座上皮应与室内地面平齐，弹簧转轴的轴线要与门框横料定位销的轴心线一致。

图7-27 厨柜安装工程完工效果（1）

图7-28 厨柜安装工程完工效果（2）

图7-29 厨柜安装工程完工效果（3）

推拉门窗扇安装时，先将外扇插入上滑道外槽内，自然下落于对应的滑道内，再用同样的方法安装内扇。平开门窗扇安装，先把合页按要求位置固定在铝合金门窗框上，然后将门窗扇嵌入框内临时固定。调整合适后，再将门窗扇固定在合页上。保证上下两个合页在同一轴线上。

待油漆工程施工完毕后再进行五金配件安装。要求安装牢固、使用灵活。随后可以裁纱、绷纱扇，压条固定，挂上纱扇。

铝合金门窗交工前，将型材表面塑料胶纸撕掉，如有胶痕应用有机溶剂洗干净。对于门窗框、扇上污染物应用浓度1%～5%的中性洗涤剂清洗。严禁用酸、碱性制剂清洗，严禁用钢刷清理。

7.5 窗帘安装

窗帘已与我们的空间密不可分，其格调千变，样式多样，功能用途也进一步细化。窗帘从风格上可分为欧式、韩式、中式；从功能上可分为遮阳帘、隔音帘、天棚帘；从材质上可分为百叶帘、木制帘、竹制帘、金属帘。

7.5.1 窗帘的款式、风格及作用

（1）开合帘：沿着轨道的轨迹或横杆作平行移动的窗帘。

①欧式豪华式：窗帘上面饰有窗幔，边沿饰有裙边，以色彩浓郁、华贵富丽为主。

②罗马杆式：窗帘的轨道是采用罗马杆，造型与材质选择多样。窗帘做法和花型的变化多，有窗幔和无窗幔的，花型可以用色彩浓郁的大花，也可用较素雅的条格或素色等。

③简约式：简约式窗帘着重突出面料的质感和垂感，不添加其他辅助的装饰手段，以素色、条格或色彩比较淡雅的图案为素材，显得质朴和简约。

（2）罗马帘：在绳索的牵引下作上下移动的窗帘。

罗马帘多数以纱为主，多从装饰美化这个层面来考虑。主要安装在客厅、过道或书房、宾馆的大庭、咖啡厅等不需要阻挡强烈光源的场所。款式大致可分为普通拉绳式、横杆式、扇形和波浪形。还有有窗幔和无窗幔的设计，它可以是单独的窗帘，也可以与开合帘组合。

（3）卷帘：随着卷管的卷动而作上下移动的窗帘。

卷帘一般用在卫生间、办公室等场所，主要起到阻挡视线的作用。材质一般选用压成各种纹路或印成各种图案的无纺布，要求亮而不透。

（4）百叶帘：可以作180度调节并可以作上下垂直或左右平移的硬质窗帘。

这种窗帘适用性比较广，书房、卫生间、厨房间、办公室及一些公共场所都可用，具有阻挡视线和调节光线的作用。材质有木质、金属、化纤布或成形的无纺布等，款式有垂直和平行两种。

（5）遮阳帘

遮阳窗一般用在受阳光照射过多的室内场所，可起到遮挡阳光和紫外线的效果。它一般安装在室内窗帘的后面，也可以增加窗帘的使用寿命，没有过多的装饰与花纹，装饰效果简单。

7.5.2 窗帘的面料

窗帘的面料选择很广，但我们在选择时注重两个方面，一是厚实感，二是垂感好。传统的窗帘通常是由三层面料组成，一层是起装饰作用的布帘，中间一层是遮光帘，再一层是纱帘。

（1）传统面料

窗帘布的面料基本以涤纶化纤织物和混纺织物为主，因为其垂感好、厚实。

雪呢尔这种面料感觉比较粗犷，厚重感强，垂感性也很好，是20世纪90年代末非常流行的面料，广泛应用于窗帘、沙发等软包。

高支高密的色织提花面料比较细腻、光泽很好，是比较华贵的面料，价格不菲。

粗支纱的色织或印花面料面料属粗而不犷、细而不腻的面料，是比较大众的面料，价格较适中。

还有很多其他面料，如金丝绒、麂皮绒、植绒等都是不错的窗帘面料，各种高档的进口面料及新型面料也是层出不穷。

（2）遮光面料

传统的遮光面料是在黑色的面料上涂银，它是单纯为遮光而设置的，是从属于布帘的配套产品，它不仅手感发硬，而且显得繁琐，做成两层窗帘成本也相应较高。随着科学技术水平的提高和科技人员的研发，现在新型开发的遮光面料不仅克服了传统遮光面料的缺点，还提高了产品的档次。它既能与其他布帘配套作为遮光帘，又能单独作为集遮光和装饰为一体的窗帘布。遮光布可以做成各种不同风格，如提花、印花、素色、烫花、压花等，既保持了应有的风格，又具有很好的遮光效果，因此具有很大的发展空间和市场潜力。

（3）纱帘

纱帘的种类很多，大体归纳起来有平纹、条格、印花、绣花、压花、植绒、起皱等，纱帘原料有麻、涤纶丝、锦纶丝、玻璃丝等及其他化纤。

7.5.3 安装工艺

工艺流程定位与划线→预埋件检查和处理→核查加工品→安装窗帘盒（杆）

（1）定位与划线

安装窗帘盒（杆）应按设计图要求进行中心定位，弹好找平线，找好构造关系。

（2）预埋件检查和处理

找线后检查固定窗帘盒（杆）的预埋固定件的位置、规格、预埋方式是否能满足安装固定的要求，对于标高、平度、中心位置、出墙距离有误差的应采取措施进行处理。

（3）核查加工品

核对已进场的加工品，安装前应核对品种、规格、组装构造是否符合设计及安装的要求。

（4）安装窗帘盒（杆）

窗帘盒安装：先按平线确定标高，划好窗帘盒中线。安装时将窗帘盒中线对准窗口中线，盒与墙面要贴严，固定方法按个体设计。

窗帘轨安装：窗帘轨有单、双或三轨道之分。当窗宽大于1.2m时，窗帘轨应断开，断开处煨弯错开，煨弯应平缓曲线，搭接长度不小于200mm。明窗帘盒一般先安轨道，重窗帘的轨道应加机螺丝；暗窗帘盒应后安轨道，双层窗帘轨道间距应加密，木螺丝规格不小于30mm。轨道安装后保持在一条直线上。

窗帘杆安装：校正连接固定件，将杆或铁丝装上，拉于固定件上。做到平正，同房间标高一致。

7.6 家具安装

家具安装工艺流程如下：

找线定位→框、架安装→壁柜、隔板、支点安装→壁（吊）柜扇安装→五金安装

（1）找线定位

抹灰前利用室内统一标高线，按设计施工图要求的壁柜、吊柜标高及上下口高度，考虑抹灰厚度的关系，确定相应的位置。

（2）框、架安装

壁柜、吊柜的框和架应在室内抹灰前进行，安装在正确位置后，两侧框每个固定件钉2个钉子，与墙体木砖钉牢，钉帽不得外露。若隔断墙为加气混凝土或轻质隔板墙时，应按设计要求的构造固定。如设计无要求时可预钻φ5mm、深70~100mm孔，并事先在孔内预埋木楔，粘接界面剂，打入孔内粘结牢固后再安装定柜。采用钢柜时，需在安装洞口固定框的位置预埋铁件，进行框件的焊固。在框、架固定时，应先校正、套方、吊直，核对标高、尺寸，位置准确无误后再进行固定。

（3）壁柜、隔板支点安装

按施工图隔板标高位置及要求的支点构造安设隔板支点条（架）。木隔板的支点，一般是将支点木条钉在墙体木砖上，混凝土隔板一般是框形铁件或设置角钢支架。

（4）壁（吊）柜扇安装

由壁（吊）柜扇的安装位置确定五金型号、对开扇裁口方向，一般以开启方向的右扇为盖口扇。检查框口尺寸，框口高度应量上口两端框口宽度；应在两侧间上、中、下三点，并在扇的相应部位定点画线。根据画线进行第一次修刨，使框、扇留缝合适，试装并画第二次修刨线，同时画出框、扇合页槽位置。

铲、剔合页槽安装合页：根据标画的合页位置，用扁铲凿出合页边线，即可剔合页槽。安装时应将合页先压入扇的合页槽内，找正拧好固定螺丝，试装时调整合页槽的深度，调好框、扇缝隙，框上每支合页先拧一个螺丝，然后关闭，检查框与扇平整、无缺陷，符合要求后将全部螺丝安上拧紧。木螺丝应钉入全长1/3，拧入2/3，如框、扇为黄花楸或其他硬木时，合页安装螺丝应划位打眼，孔径为木螺丝的0.9倍，眼深为螺丝的2/3。

安装对开扇：先将框、扇尺寸量好，确定中间对口缝、裁口深度，画线后进行刨槽，试装合适时，先装左扇，后装盖扇。

（5）五金安装

五金的品种、规格、数量按设计要求安装，安装时注意位置的选择，无具体尺寸时，则按原设计进行，一般应安装样板，经确认后大面积安装。

7.7 电气工程安装

电气安装工艺流程：清理→结线→安装

（1）清理

用錾子轻轻地将盒子内残存的灰块剔掉，同时将其他杂物一并清出盒外，再用湿布将盒内灰尘擦净。

（2）结线

①开关结线：同一场所的开关切断位置应一致，且操作灵活，接点接触可靠。电器、灯具的相线应经形状控制，多联开关不允许拱头连接，应采用LC型压接帽压接总头后，再进行分支连接。

②插座接线：单相两孔插座有横装和竖装两种。横装时，面对插座的右极接相线，左极接中性线；竖装时，面

对插座的上级接相线，下极接中性线。单相三孔及三相四孔插座结线示意，保护接地线注意应接在上方。交、直流或不同电压的插座安装在同一场所时，应有明显区别，且其插头与插座配套，均不能互相代用。插座箱多个插座导线连接时，不允许拱头连接，应采用LC型压接帽压接总头后，再进行分支线连接。

（3）安装

①开关、插座准备

先将盒内甩出的导线留出维修长度，削出线芯，注意不要碰伤线芯。将导线按顺针方向盘绕在开关、插座对应的接线柱上，然后旋紧压头。如果是独芯导线，也可将线芯直接插入接线孔内，再用顶丝将其压紧，注意线芯不得外露。

②开关、插座安装

暗装开关、插座：按接线要求，将盒内甩出的导线与开关、插座的面板连接好，将开关或插座推入盒内，对正盒眼，用机螺丝固定。固定时要使面板端正，并与墙面平齐。

明装开关、插座：先将从盒内甩出的导线由塑料（木）台的出线孔中穿出，再将塑料（木）台紧贴于墙面用螺丝固定在盒子或木砖上。如果是明配线，木台上的隐线槽应先顺对导线方向，再用螺丝固定牢固。塑料（木）台固定后，将甩出的相线、中性线、保护地线按各自的位置从开关、插座的线孔中穿出，按接线要求将导线压牢。然后将开关或插座贴于塑料（木）台上，对中找正，用木螺丝固定牢。最后再把开关、插座的盖板上好。

开关、插座安装在木结构内，应注意做好防火处理。

图7-30~图7-33为电气安装工程完工效果。

思考题

到家具厂进行观摩学习，了解家具生产的整个流程及配套室内装修的安装方法。

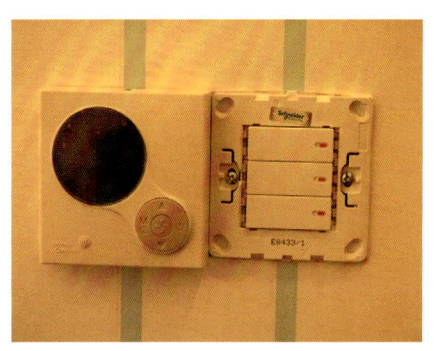

图7-30 电气安装工程（1）

图7-31 电气安装工程完工（2）

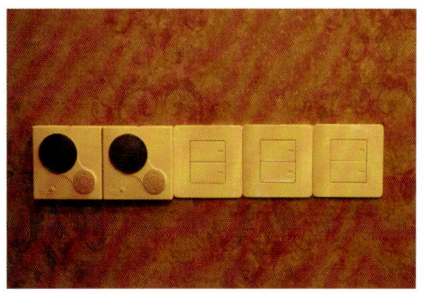

图7-32 电气安装工程完工（3）

图7-33 电气安装工程完工（4）

8 科学技术在住宅室内中的运用

[学习要点]
 • 了解智能型住宅、安全性住宅、生态性住宅，以及这些住宅必须具备的要求。

随着科技的发展与文明的进步，住宅设计从古代的"构木为巢"发展到具有艺术性、观赏性和多功能性的"亭堂楼阁"，乃至现代的"智能住宅"。住宅设计与科学技术的结合，为住宅设计带来了重大变革。

信息化时代的今天对住宅设计提出了新的要求，住宅设计与科学技术的完美结合，让居住条件变得更加便捷、舒适。

早在20世纪80年代就出现了智能办公建筑，使办公环境更加舒适。随着科学技术的发展和普及，智能化技术逐渐应用到住宅中，这让我们对智能不再是远远的欣赏，而是能真正感受深入到生活中的智能化。深入研究并实现让智能化为每个人服务，这种智能化不是一成不变的智能化，而是能随人们喜好、期望、需求变化而变化，具有广泛的实际意义和社会价值。

8.1 智能型住宅

8.1.1 国外住宅智能化发展概况

1984年，第一座智能建筑在美国的康涅迪格州落成，随后加拿大、欧洲、澳大利亚等发达的国家和地区先后提出各种智能化的方案。20世纪80年代，电子技术的发展和家用电器涌入住宅，人们称其为电子住宅。到80年代中期，家电、安保防灾设备、电子信息设备等各种独立系统综合为一体时，又称之为住宅自动化。随后在美国又出现"智慧屋"、"时髦屋"的说法，而现在又称为智能住宅。对智能的称谓及定义一直都缺乏一致的认同，每个国家的标准也都不一样。概括而言，居住建筑的智能化系统建设是现代高科技的结晶，也是建筑结构与信息技术完美结合的产物。从这一观点出发，居住建筑智能化系统应用范围应扩大，如应用于节能、生态、环保和可持续发展等方面。目前，这些领域的应用在发达国家已有大量成功案例。

（1）美国智能住宅

智能化小区的建设起源于美国。目前，全球最大的智能化住宅群位于美国，约由8000栋小别墅组成，每栋别墅设有16个信息点。美国麻省理工学院的实验室正在研究一种"智能房间"，期望通过生物传感器探测人的行为来自动控制和调节居住系统。

1988年美国电子工业协会组织编制了《家庭自动化系统与通讯标准》。在美国约有4万户家庭安装了"Smart Home"系统，可通过一个小小的键盘控制整个家庭的智能系统，即使不处于住宅内，也可远程遥控。从居住环境而言，欧美以单体别墅的居住模式为主。家庭智能化系统是与市镇相关系统直接相连，美国目前仍盛行ADSL、Cable Modem等宽带接入方式，因此欧美的智能家居多数是自行独立安装，自成体系。

（2）德国智能住宅

德国弗劳恩霍夫研究会与几家公司联手合作建成世界首座高标准智能住宅，成为世界首座样板智能住宅，向人们揭示了未来住宅的前景和计算机技术的发展新趋势。这座智能住宅建于德国杜伊斯堡大学内，住宅外观看似一幢普通的两层楼房，但其内部完全实现了电子化和网络化。电话、电脑、家用电器等所有单元设备都联网，形成一个统一的通讯操作平台，其信息网与因特网连接，住户可以在任何地方通过计算机或手机来遥控家电，监控住宅情况，如指示洗衣机工作，查看冰箱中食品存储情况，监视家里是否有人闯入等。

（3）英国智能住宅

英国INTEGER组织建造完成的智能型住宅，坐落在沃特福德（WATFORD）市的INTEGER建筑研究开发中心。这座建筑包括了许多特色：环保、节能和智能控制。英国为残疾人设计建设在BARNSLEY的"默特尔"的智能公寓，是通过翻修改造成的智能型住宅。门锁将无线电信号传到控制箱，由它来开启安全防护网，打开大门并且关闭预警器。人一旦进入到屋内，大门就会自动关上。在大门打开的同时灯也会亮起来，使得在屋内的活动更加方便。可以通过由手、脚、胳膊来控制感应开关，或者是由语言、眨眼来控制开关，或是由吸气和呼气控制气动开关来控制启动房间的设备。通过控制器可以遥控开启电灯开关和加热系统，还可以遥控电视机、收音机、微波炉等任何电器设备开关。在厨房有一个感应型电子炉具，它既可以遥控，也可以接触控制，盲人还可使用旋钮开关来控制。针对站立的或坐在轮椅上的人，操作台可以通过遥控来实现升高和降低。水龙头也可以常规地或者使用感应器来开关。在浴室中，为那些无法使用浴巾的残疾人准备了轻触式控制干体机和一个带有嵌入式浴盆的卫生间。卫生间有两个臂触式开关，一个控制冲水，另一个控制洗漱和干体机。

（4）日本智能住宅

日本松下公司正在把"数码家庭"的概念应用到养老院，养老院的所有房间都与局域网相连，并装备多种测量仪器、触摸式显示屏、数码摄像机等，这样每个居住者的体温、血压等多项数据传送到护理中心，实现远程医疗护理。日本三泽（MISAWAHOME）住宅公司为解决购房者对房屋防盗系统的不满意，新近推出"保全住宅"，该住宅内部采用指纹辨识门禁系统，另设有隐藏式防盗室。当遇到小偷闯入门时，屋主可躲入紧急避难，防盗室设有两道厚重的门，其中内门只要从里面上锁后，外部无法靠人力打开。防盗室内装设电话专线，电话线埋在地下；另外还可在屋内放置一个机器人，可以依歹徒恐吓的声音来反应，并出声求救，发挥报警求救功能。

日本东京建成的一栋综合计算机住宅，可通过计算机相互连接对环境舒适度做出判断。住宅的门外装有风向标，风向标是气象条件探测器，与室内计算机相连，将室外的温度、湿度、风力、风向等数据输入计算机，计算机根据这些数据控制室内的空调和窗户，达到节能和舒适的目的。门口安装的微型摄像机将来客面孔全部输入计算机，如果是未登记过的人，即使知道暗锁的号码也无法打开暗锁，只有主人下达"同意入内"的指令后，门才开启。通过按动二楼卧室床头的"休息"开关，整栋房子进入休息状态，除必要的走廊灯光之外，其他各处的电源全部关掉。开着的灯光照度将调整到适合人醒后使用的亮度，空调系统减弱风力，窗户自动关闭，防盗报警装置进入工作状态。一直持续到第二天清晨主人起床为止。主人起床上厕所时，同抽水马桶连接在一起的体检装置自动检查和分析大小便情况，将食指伸入到抽水马桶旁边的血压计套中，液晶显示屏将显示血压和脉搏的数据。这些数据输入计算机，出现异常情况，计算机显示不正常标志，提醒主人去医院就诊。浴室可通过计算机预约洗澡时间并设定水温，下班前打电话给家中的计算机，指示计算机准备洗澡水的时间和温度。

8.1.2 国内住宅智能化发展概况

国内与国外智能化住宅不同，我国城镇大多选择建设密集型的居住小区，这是符合我国国情的。但对家庭智能化系统而言，房地产开发商不应将其所有内容划入小区智能化系统中，而应该将家庭智能化系统设计成业主完全可以自行选择的系统。业主可以根据需要选择相应产品和功能，可以自选升级。房地产开发商应为业主自行安装家庭智能化系统提供环境、建筑结构与技术上的支持，如管线、设备或装置的安装空间等。

在我国，智能化住宅和智能化家居起步比较晚，但发展速度很快。20世纪80年代以来，我国居住条件非常困难，根本谈不上智能化。那个时期所建成的住宅，其电器设计内容仅在普通楼房的户内外照明、高层住宅增加高层供水的生活水泵控制系统及消防泵控制系统；用户电量的计量和收费，采用房管部门或住户轮流抄表收费的方式；生活用水的计量则主要是按户或按人口数收费；弱电系统也是从这个时期开始才陆续设置电话配线和公用电视天线系统。20世纪80年代末90年代初，我国家庭基本实现电器化，住宅内的弱电系统有所增加，如对讲系统等。到了20世纪90年代末，电脑、有线电视、机顶盒、移动通信等数字化通信产品开始走进家庭。

8.1.3 智能型住宅的优点

（1）舒适性。让人们在智能型住宅中的生活和工作从心理到生理上都感到舒适。因此，空调、照明、消声、绿化、自然光及其他环境条件应达到最佳水平。

（2）高效性。提高节省人力、时间、空间、资源、能量、费用以及建筑物所属设备系统使用管理方面的效率。

（3）安全性。除了保护生命、财产、建筑物安全外，还要防止信息网信息的泄露和被干扰，特别是防止信息及数据被破坏、删除和篡改以及系统非法或不正确使用。

（4）方便性。除了家庭电器使用方便外，还应具有高效的信息服务功能。

8.1.4 住宅的智能系统

（1）通信系统

① 电话

电话智能化主要体现在自动拨号报警、用户远程操作、对总线上的设备进行开关和查询。

自动拨号报警：当总线上的设备出现异常情况时，如发生偷盗、煤气泄漏、着火等情况，该系统能根据预先设定的电话号码拨号报警，除非用户取消本次报警，否则会一直持续。

用户远程控制：对于电话远程控制功能的实现，家居主人可以通过电话、手机拨打家中的电话，在通话的状态下，通过输入数字口令进入智能家居控制器的操作系统，输入控制数字指令进行各种家居设备的控制。

设备查询和开关操作：用户可以采用按键方式对设备进行查询和控制。输入住宅智能化设备号时，可以是总线号码，也可以是用户所设的简化号码。对设备操作完成后，系统会自动语音提示设备的当前状态。对于报警设备，为防止误报警，不允许对其操作。

电话还可连接各种家庭智能网络，包括有线、无线、照明、安防。主机配置在起居室，在主要卧室和厨房设置分机。

②电视

电视智能化体现为自动开关、调音、调节频道、录制节目。例如，主人可以事先操作定时开机在节目播放的时候自动录制，这样主人在上班时可以不必担心错过电视节目。

③计算机

智能住宅中的计算机应用体现为符合现代计算机系统及网络技术发展趋势，技术先进且成熟的产品，并配有可靠性强、简单易用且用户界面良好的系统软件、应用软件及软件开发工具。由于目前计算机领域的飞速发展，应用环境、系统硬件及系统软件都在不断地更新，因此系统的可扩充性及版本兼容性，直接影响到用户的使用。

智能住宅的计算机要求有设定和控制室内用电设备的开关和控制程序，也是一个智能终端控制器。还有网上信息交流、网上娱乐、游戏、教育及远程教育功能，采用普通PC机经过家庭网关接入小区宽带网可以轻松地实现这些功能。

（2）家电系统

家电系统是适应现代生活，并随着家电功能逐渐增加而发展起来的系统。该系统的功能、构成、配置，因家庭的实力、知识结构、个人喜好、身体条件、接受程度的不同而异。主人在上班前可以根据需求将家电的工作时间、程序输入电脑，也可通过计算机网络或者电话网络对其进行远程控制和更改，或通过智能控制器实现对家电和设施的一键式智能控制，因此在很大程度上能减轻主人的家务劳动量。如电饭煲、微波炉、空调等家电可在规定时间自动工作，主人下班回家后不仅可以享受可口的饭菜，还可以享受适宜的温度；另外家中的可视监控设备，还能帮助主人通过互联网及时了解家里的情况。

①智能集中抄表系统

水、电、气表系统由物业管理计算机中心、远程抄表采集器、户内基表组成。三表抄表不进户以免打扰居民的生活。户内的能源用量可以采集，并可实时显示、随时查询，还可以联网到银行，进行自动付款。

②空调控制系统

智能空调能根据用户设定的温度、时间等参数完成智能控制，并可以根据环境的变化自动调节室内温度。它与传统的单调功能空调控制不同，引入智能化芯片。人们可以通过智能化控制器，用键盘或者遥控输入合适的温度，使室内温度保持恒温。如外出，通过红外监测室内无人，空调会自动关闭，也可通过遥控设置自动开启时间。

对空调系统控制功能的设计，重点是定时开关机、远程遥控开关机、事件联动开关机以及温度调节等几个方面。在具体的项目中，还需要根据房型结构、装饰设计、主人的习惯与风格以及家用电器、机电设备设施等情况，进行有针对性的个性化设计。

③照明控制系统

智能控制应注重节能和光线的控制。通过开关、红外线、超声波及微波等方法。使人进入某一房间，灯自动接通，离开房间灯自动熄灭。室内灯光的光线角度、强度还可随室内光照强度的变化而变化。可模拟的自然光与声风系统共同营造模拟的自然环境效果。在主要功能房间，如起居室、卧室、活动室、大餐厅以及从门厅到电梯的通道都设置智能照明控制。

灯光的软启动：人进入房间自动开灯，开灯时灯光缓缓亮起；人离开时自动关灯，关灯时灯光缓缓熄灭。这样能够消除光线骤变对人眼睛的刺激，也减小了电流对灯丝的冲击，延长了灯具的使用寿命。

亮度调节：根据环境的亮度可以调节灯光的亮度或关闭灯光，从而配合各种家庭场景设置，方便日常使用。

场景功能：只要按一个键，就可以得到想要的灯光和电器组合场景，并具有人工设定的功能。一般家庭的客厅配备有吊灯、射灯、壁灯和灯池等，可以利用不同的灯光亮度和各种电器的开关互相搭配，产生不同的照明效果。采用灯光控制器，可以让灯光的亮度有个渐变的过程，还可通过控制终端，自由地变换场景。

④电动窗帘系统

在智能家居系统中，对电动窗帘的控制与灯光控制系统相似，但要相对简单。一般的窗帘做全开、全关操作。一旦自动控制系统停止工作，也可通过手动控制。根据光传感器测出室内照度，如果高于一定数值，窗帘会自动开启，并且与情景联动，手动优先。

⑤供电电源控制

现在越来越多的家用电器在平时都处于待机（软关机）状态，如电视机、VCD等。虽然这些电器在待机状态下的耗电量很小，但日积月累，所消耗的能源和主人所付出的费用也是相当昂贵的，另外也增加了居室的不安全因素。因此，现代家居要求主人每天外出工作、学习时，能切断除电冰箱等必须持续性需要电源以外的室内供电线路的电源，并在主人希望开启某一电器时，系统又会自动为其恢复供电。对于家居智能控制系统来说，这些功能是非常容易实现的。因此，我们在进行家居智能化系统设计时，可以考虑选择这一功能。

⑥电器插座回络电源的通断控制

作为对家居供电电源控制功能的补充，对电器插座回络的智能化控制可以让我们对一些电器的控制更灵活，从而进一步提高生活质量，降低能源消耗。例如，电熨斗是家用电器中最容易引发事故的设备，但如果能及时切断电熨斗的电源，就可以避免事故的发生；若饮水机长期加电却又无人饮用热水，不但浪费能源，而且机内的水被反复加热，也会引起水质变化，影响饮用者的健康。通过电器插座实现控制的家用电器主要有电饮水机、电热水器、电熨斗、电视机、计算机等。

（3）管理系统

①停车管理系统

住宅区入口除设置摄像机辅助车辆管理外，还可设置停车管理系统。停车管理系统是由道闸、IC卡读写器、管理电脑和传输线缆组成。车主持智能IC卡进出时，只需将IC卡在读写器有效距离前轻晃一下，系统就能完成检验、记录、核算、收费等计算工作，同时道闸自动启闭。对于来访车辆，由值班人员发放临时卡。

②自动喷灌节水系统

绿地覆盖面积已经成为衡量住宅小区环境建设的一项重要标志。对小区园林绿化灌溉实行智能化管理，自动喷灌系统可以根据气候、土壤的温度和湿度状况自动喷水灌溉，达到科学浇灌和节约用水的目的。

8.2 安全性住宅

住宅设计应以人为本，遵循安全、健康和舒适的原则，其中最为重要的是保障人们的安全和健康。住宅区内一般设置保安安全管理中心，各安全子系统主机及控制设备均布置在保安中心，安全系统由周边及环境报警系统、楼宇对讲系统和家庭防盗报警系统构成，让业主生活在无形防盗网中，比有形防盗网更安全、更舒适。

（1）周边及环境报警系统

周边及环境防盗报警系统由红外线对射器和接收器、报警主机及传输线缆组成。在住宅区四周围墙上装设若干组红外线发射器和接入器，当红外线接收器探测到有人越墙而入时，报警主机即发出报警信号，并显示报警区域。报警主机还可向110报警中心自动报警。

①闭路电视监控系统

由摄像机、矩阵控制器、录像机、监视器、传输线缆等组成。在住宅区重要区域和公共场所安装摄像机，让控制室内值班人员通过电视墙一目了然，全面了解住宅区发生的情况。保安中心能通过录像机实时记录，以备查证；通过矩阵控制器在控制台切换操作，跟踪监察。周边环境红外线信号可作为相应区域摄像机报警输入信号，一旦报警，相应区域的摄像机会自动跟踪。系统控制部分采用智能数字图像运动跟踪报警器来实现全组操作控制。

②巡更系统

巡更系统由现场电子签到器、保安中心电脑和传输线缆组成，用于规范保安员上岗情况。电子签到器设在住宅区内主要道路、盲点、死角等处；中心电脑事先存储保安员巡更路线、签到时间等。若保安员未签到时，中心电脑会立即提醒值班人员去了解情况并及早发现问题。

（2）楼宇对讲系统

楼宇对讲系统由对讲主机、室内分机、管理主机和传输线缆组成。在住宅区内设可视对讲，户主可直观地了解访客情况，控制门锁开启；各栋对讲主机与保安中心管理主机联网，保安中心可随时了解住户求救信号。

（3）家庭防盗报警系统

①门磁报警

门磁报警安装在大门、阳台门和窗户上。当有人破坏单元的大门或窗户时，门磁开关将立即将这些动作信号传输给报警控制器，进行报警。

②玻璃破碎探测器

玻璃破碎探测器一般安装在单元窗户和玻璃门附近的墙上或天花板上。当窗户或阳台门的玻璃被打破时，玻璃破碎探测器探测到玻璃破碎的声音后即将探测到的信号传输给报警控制器进行报警。

③红外探测器

当有人非法侵入后，红外探测器通过探测到人体的温度来确定有人非法侵入，并将探测到的信号传输给报警控制器进行报警。

（4）家庭事故报警系统

①病人传呼

病人传呼器主要安装在起居室和卧室，并且智能控制器也有此项功能。在遇到意外情况时，可及时按下紧急呼救按钮向保安部门或其他人进行紧急呼救报警。

②火灾报警

在厨房、起居室和主要卧室安装烟感探测器，一旦发生火灾，探测器会立即启动家庭智能控制器发出声光报警，提醒住户，同时把讯号发到小区控制中心。

③毒气报警

家庭内的毒气主要是煤气的泄漏，当室内煤气超过正常标准时，煤气泄露报警启动，通知管理中心，并关闭煤气阀门，启动排气装置。安装高度分两种：当所燃烧的气体（如一氧化碳）比空气轻时，则报警器安装在距房梁0.3m处；当所燃烧的气体（如丙烷）比空气重则安装在距地面0.3m处。

思考题

完成一套设计主题明确的住宅室内空间的设计，并注重其设计的实际应用性。

9

住宅空间的生态性与自然观

如今，社会和经济都发生了巨大的变化，人们赖以生存的自然环境和生态系统也是如此。由于科技进步和人类经济行为的改变：一方面我们的生存环境似乎变得更加舒适、便捷，另一方面原有的生态环境遭到了巨大的破坏。在这个背景下，我们需要进一步探讨室内设计的未来发展趋势，如何在尽可能节省自然资源、保护人类赖以生存的环境的前提下，建造出生态自然的室内环境是值得思考的问题。

9.1 生态型住宅

将生态引人室内设计，为室内设计师提供了一个新的出发点，从而开创了一个新的领域。显然，室内生态设计包含了建筑、结构、设备、自控、工艺美术、园林绿化等许多专业的内容。它需要室内设计师不断更新知识，掌握并运用新技术。

一般来讲，生态是指人与自然的关系，那么生态型住宅就应该处理好环境（自然环境）与人的关系。具体讲，小环境的创造包括提供给生活和工作在其中的人们以健康宜人的温度、湿度、清洁的空气、良好的光环境和声环境，以及自由舒适的室内空间等；对大环境的保护表现在两个方面：一是对自然界有节制地索取，二是将对环境的负面影响减到最小。对自然资源少废多用，在能源和材料的使用上贯彻节约能源、减少使用、重复使用、循环使用、用可再生资源代替不可再生资源等原则；减少各种废弃物的排放，妥善处理有害废弃物（包括固体垃圾、污水、有害气体等），减少光污染和声音污染等。

对现代人活动行为的一项调查表明，绝大多数人一生中有三分之二以上的时间是在各种各样的室内环境中度过，室内环境对人的重要性是不言而喻的。生态型住宅的基本思想是以人为本，在为人类创造舒适优美的生活和工作环境的同时，最大限度地减少污染，保持地球生态环境的平衡。生态型住宅有别于以往形形色色的住宅形式，这主要体现在以下三点：

（1）提倡适度消费

在商品经济中，通过室内装饰而创造的人工环境是一种消费，而且是人类居住消费中的重要内容。尽管生态型住宅把"创造舒适优美的人居环境"作为目标，但与以往不同的是，生态型住宅倡导适度消费思想，倡导节约型的生活方式，不赞成室内装饰中的奢侈和铺张。把生产和消费维持在资源和环境所能承受的最大范围之内，实现可持续发展，这种观念体现了一种崭新的生态文化观、价值观。

（2）注重生态美学

生态美学是美学的一个新发展，在传统审美内容中增加了生态因素。生态美学是一种和谐有机的美。在室内环境创造中，它强调自然生态美，欣赏质朴、简洁而不刻意雕琢；它同时强调在遵循生态规律和美的法则前提下，运用科技手段加工改造自然，创造人工生态美，追求人工的室内绿色景观与自然的融合，它所带来的不是一时的视觉震惊，而是持久的精神愉悦。因此，生态美是一种更深层次的美。

（3）倡导节约和循环利用

生态型住宅强调在室内环境的建造使用和更新过程中，对能源的节约与不可再生资源的回收利用，对可再生资源也要尽量低消耗使用。在生态型住宅中实行资源的循环利用，这是生态型住宅的基本特征，也是现代建筑得以持续发展的基本手段。

9.2 住宅空间生态性的具体表现

生态设计包含两方面的内容，一是设计师必须要有环境保护意识，尽可能多地节约自然资源，少浪费；二是设计师要尽可能地创造生态环境，让人类最大限度地接近自然，满足人们回归自然的需求。

将生态思想引入室内设计，扩展室内设计的内涵，将室内设计推向更深的层次和境界，这必然会推动建筑业对地球资源的使用从消费型向可循环使用型转化。生态环保技术和工艺的发展，为实现室内生态设计的基本思想提供了越来越多的技术手段。从目前的实践看，在住宅空间中生态性的具体表现有以下几方面：

（1）采用生态环保型装修材料

生态环保型装修材料正在逐步实现清洁生产和产品生态化，在生产和使用过程中对人体及周围环境都不产生危害，从室内更新出的旧材料又比较容易自然降解及转换，并且可以作为再生资源加以利用，生产新产品。这是所有建筑材料的发展方向。目前已研制出的无毒涂料、再生壁纸等，都在不同程度上实现了上述目标。但现在大多数产品还达不到这种要求，因此装修材料首先要考虑选择无毒气散发、无刺激性、无放射性、低二氧化碳排放的材料。

（2）室内设计与诱导式建筑构造技术结合

通过诱导式建筑构造技术设计可以有效地利用自然通风、自然采光，提高室内的舒适度，满足室内的采光通风要求。将诱导式建筑构造技术的外在形式作为"部件"、"元素"融入室内装修设计中。通过科技手段，遵循美的法则，进行人工生态美的创造。这不仅为室内设计增加了新内容，而且也获得了良好的生态效应。

（3）采用全面的现代绿化技术

由于植物能够吸收二氧化碳，清除甲醛、苯和空气中的细菌，有助于形成健康的室内环境。因此扩大绿化，把绿化、庭院引进室内环境是生态型住宅的重要内容。目前发展起来的腐殖土生成技术、防水处理技术、无人栽培技术等都为室内绿化提供了技术上的支持。室内绿化是多层次的。室内绿化庭院从技术上讲可设在建筑的任何层数，也可设在阳台、层顶上。室内多层次的绿化一方面补充了地面绿化的不足，另一方面，室内绿化往往与建筑自然通风、自然采光的处理结合，成为室内设计的重要环节，大大改善了室内空间与自然的隔离状况。

（4）节约常规能源技术

节约常规能源是生态型住宅中不容忽视的重要方向。现代科技研制出的吸热玻璃、热反射玻璃、调光玻璃、保温墙体等新材料具有许多优越的性能，可以达到保温和采光的双重效果而大大节省能源。此外，节能型灯具、节水型部件在室内装修中的充分运用，都能起到节约常规能源的效果。

（5）住宅空间与洁净能源技术结合

使用洁净能源，它既满足使用能源的可持续性，又不会对环境产生危害，最符合生态型的室内环境要求。目前，最具有广泛使用前景的是太阳能利用技术。它主要是通过特定的构造和材料来利用太阳能，应用范围相当广泛。经过精心设计处理后的太阳能设施，可以自然融入建筑物中。目前最有发展前景的阳光温室技术、太阳能热水技术，都会使室内空间呈现出一定的特点，对室内装修设计也提出了一些新的要求。

（6）与现代高技术的结合

以计算机技术、自动控制技术、电子技术、材料技术等为代表的现代高科技在室内设计中的应用，将对采光、通风、温度、湿度等室内环境产生巨大的影响，有可能使室内环境设计出现一次新的飞跃。

9.3　住宅室内设计的自然观

今天的室内设计已经不是传统的概念，也不是室内设计师个人的事情，它需要设计师和各相关专业工程师之间相互配合。一个成功的住宅生态设计必然是设计师和各专业工程师之间密切配合的结果。住宅生态设计是一个整体性设计，单靠某一个工种是无法完成的。因此，选择合适的技术合作伙伴对于注重生态的室内设计而言，是设计能否成功的关键。注重生态的室内设计都要求更高的科技含量，要求完美的计算机模拟手段，要求完美的实现手段，而所有这一切，都不是室内设计师个人所能完成的，需要各方面的专家提供专业的咨询和帮助，所以生态的室内设计必然是团队工作的结果。

住宅室内设计的自然观就是应该处理好人、环境和自然的关系，住宅室内设计在创造舒适的人工居住环境的同时，又要保护好自然的生态环境。住宅室内设计的自然观主要表现在以下几个方面：

（1）健康

生态住宅又称"健康住宅"。生态住宅的总体布局、空间组合、房屋构造、能源的利用、节能措施、绿化系统以及生活服务配套的设计，都必须以改善及提高人的生态环境、生活质量为目标。

生态住宅空间环境首要因地制宜地满足人体的舒适性，如适宜的温度、湿度。此外，生态住宅建设还应有益于人身心健康的充足日照、良好的通风以及无辐射、无污染的室内装饰材料等。在具体设计上，要注重绿化布局的层次，风格与建筑物要相互辉映，注重不同植物的相互搭配与融合。在心理方面，生态住宅既要保证家庭生活所需要的安全性、私密性，又要满足邻里交往、人与自然交往的要求。

（2）高效

高效是生态住宅的核心内容。所谓高效，是指尽可能充分地利用资源和能源，特别是对不可再生资源和能源的利用。传统的建筑业以及与建筑相关的产业消耗了大量的能源和资源，严重影响了社会经济的可持续发展。而生态环境艺术设计正是要转变这种粗放型的发展模式，走可持续发展的道路，以最少的能源、资源成本去获取最高的效益，维护生态系统平衡。

（3）美观

美观是生态住宅不可或缺的灵魂。生态住宅与自然环境的和谐不仅体现在能量、物质方面，同时也体现在精神境界方面，包括与自然景观相融合、与社会文化相融合等。从环境艺术设计的角度来看，生态住宅的设计没有固定的模式，它是诸多专业相互协调、综合而成的设计成果。生态环境艺术设计是以建筑材料固有的性能为基础，最大限度地发挥其美学特征，从不矫揉造作，有时体现出精确严谨的科技美，有时又能体现出淳朴自然的生态美。

总的来说，保护环境、关注生态是我们每一个设计师责无旁贷的责任。很难想象，一个从来不关注生态和环境问题，从来不有意识地吸收生态、环境等相关专业知识的设计师，能够提出注重生态的设计理念来。因此我们在不断更新技术的同时，应该更加注重对于新生室内设计师的意识培养，这对于我国的室内设计发展具有重要的意义。

附录

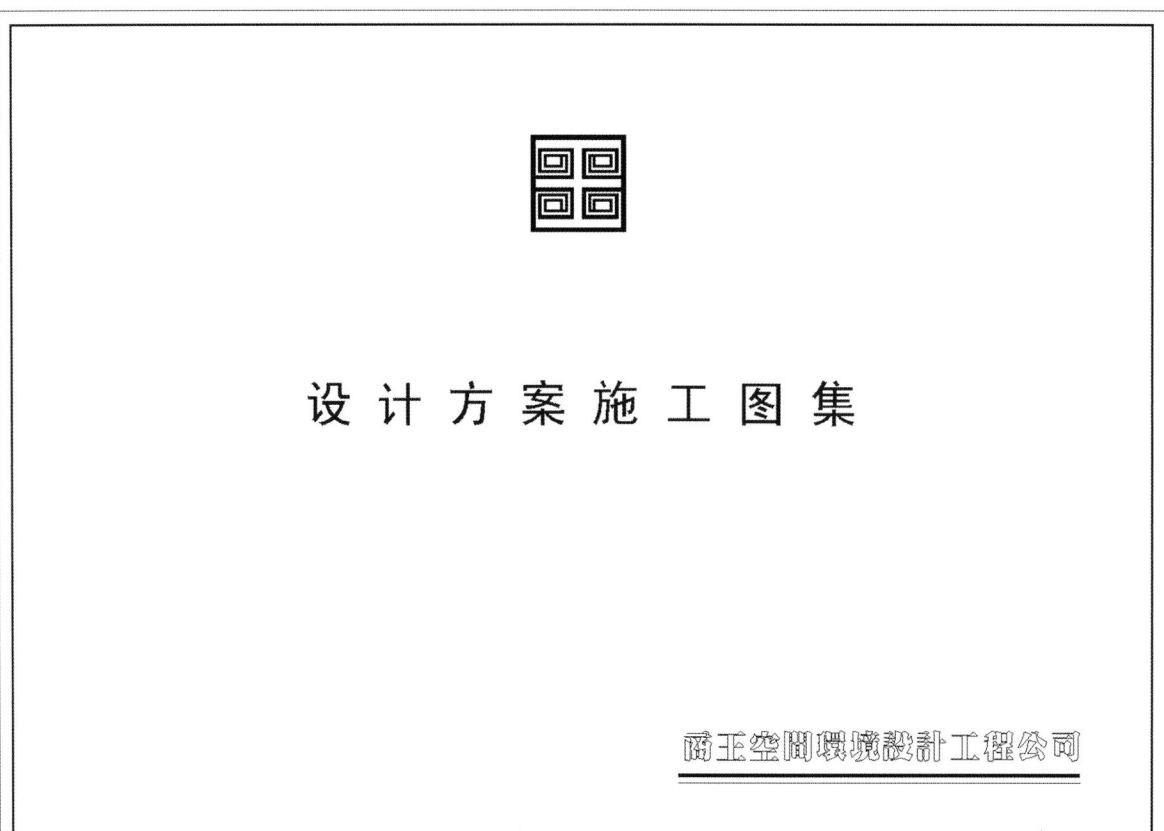

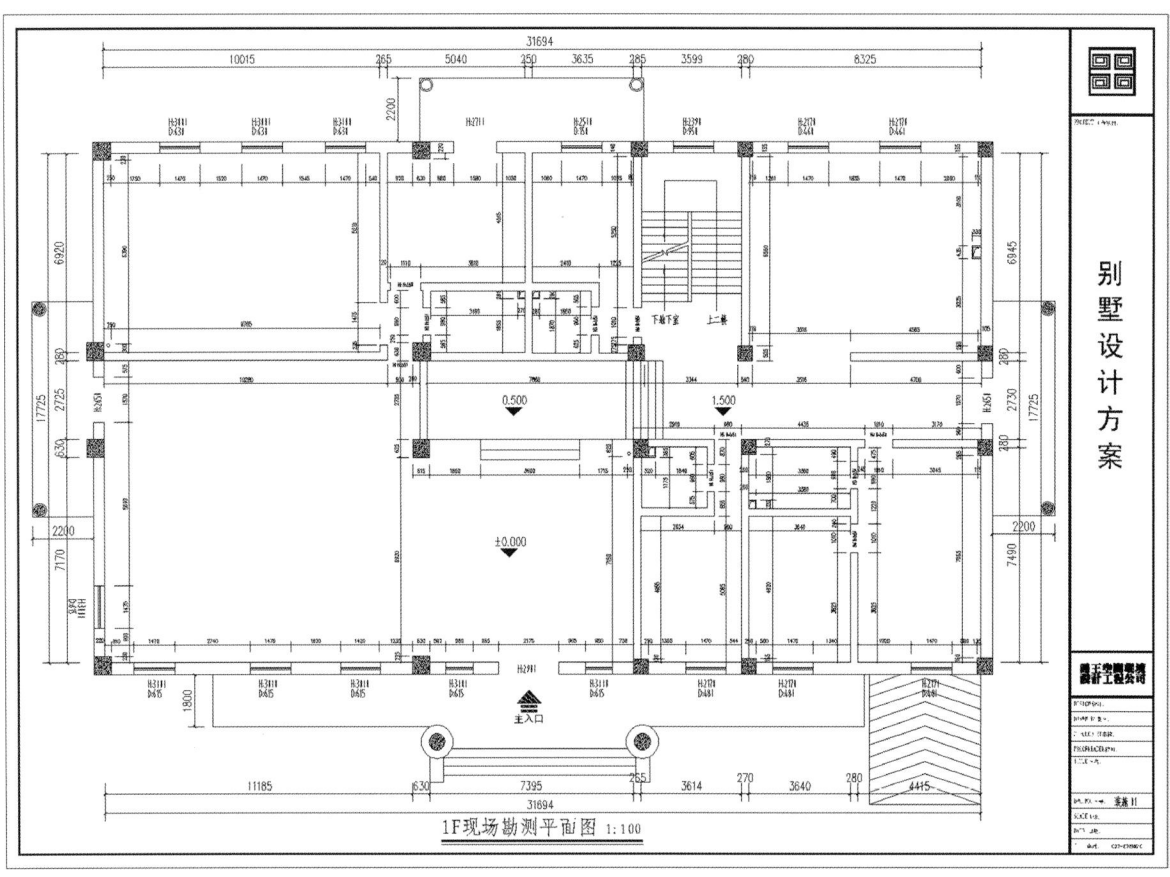

居住建筑室内设计与施工 | Residential Interior Design and Construction

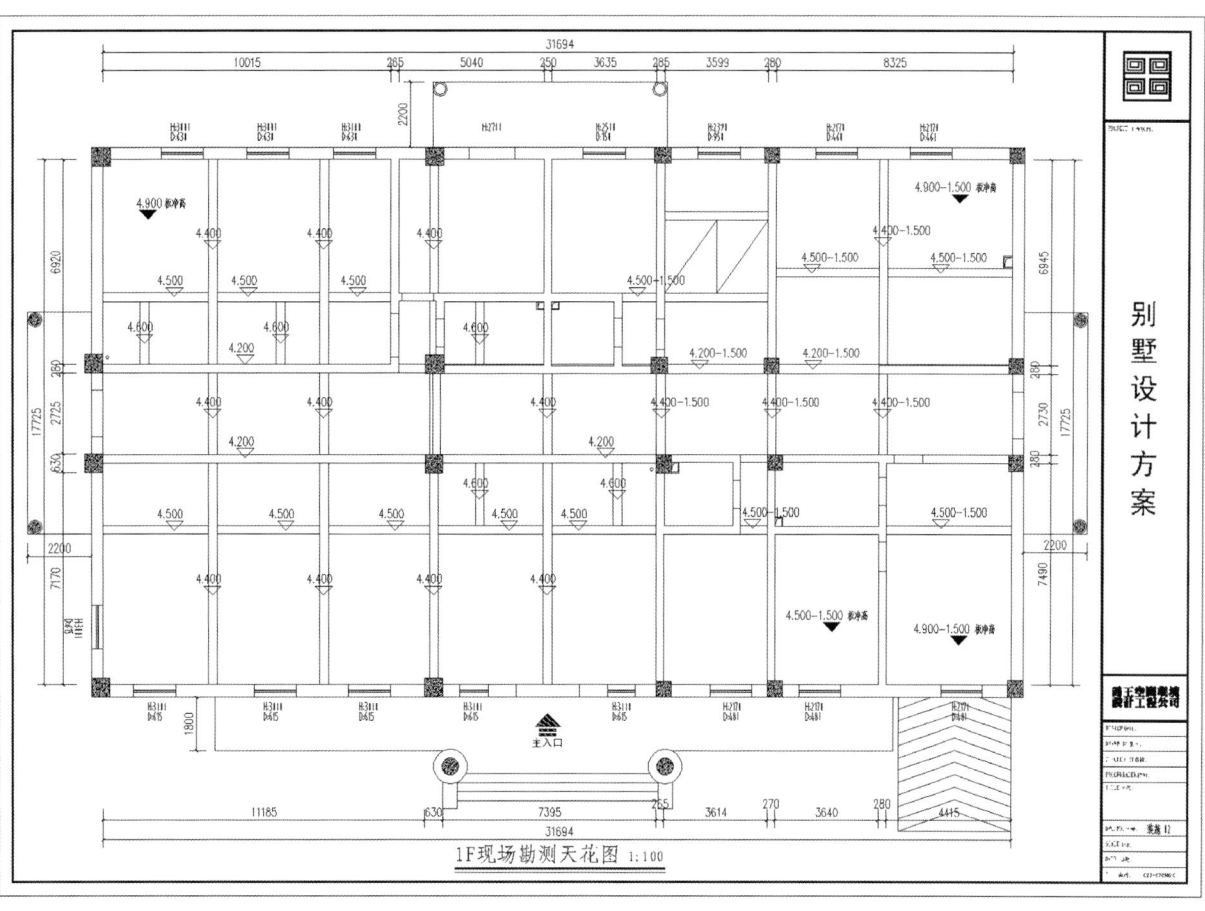

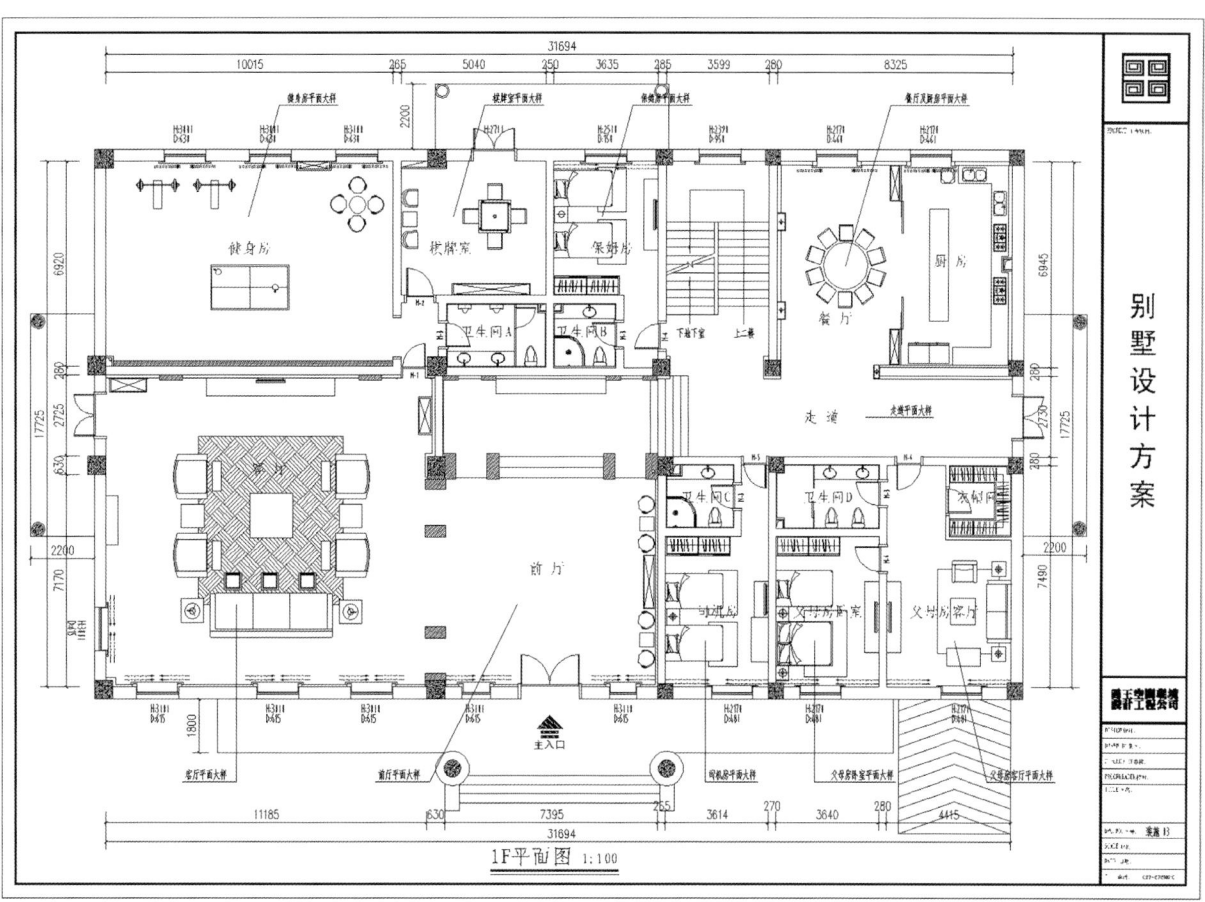

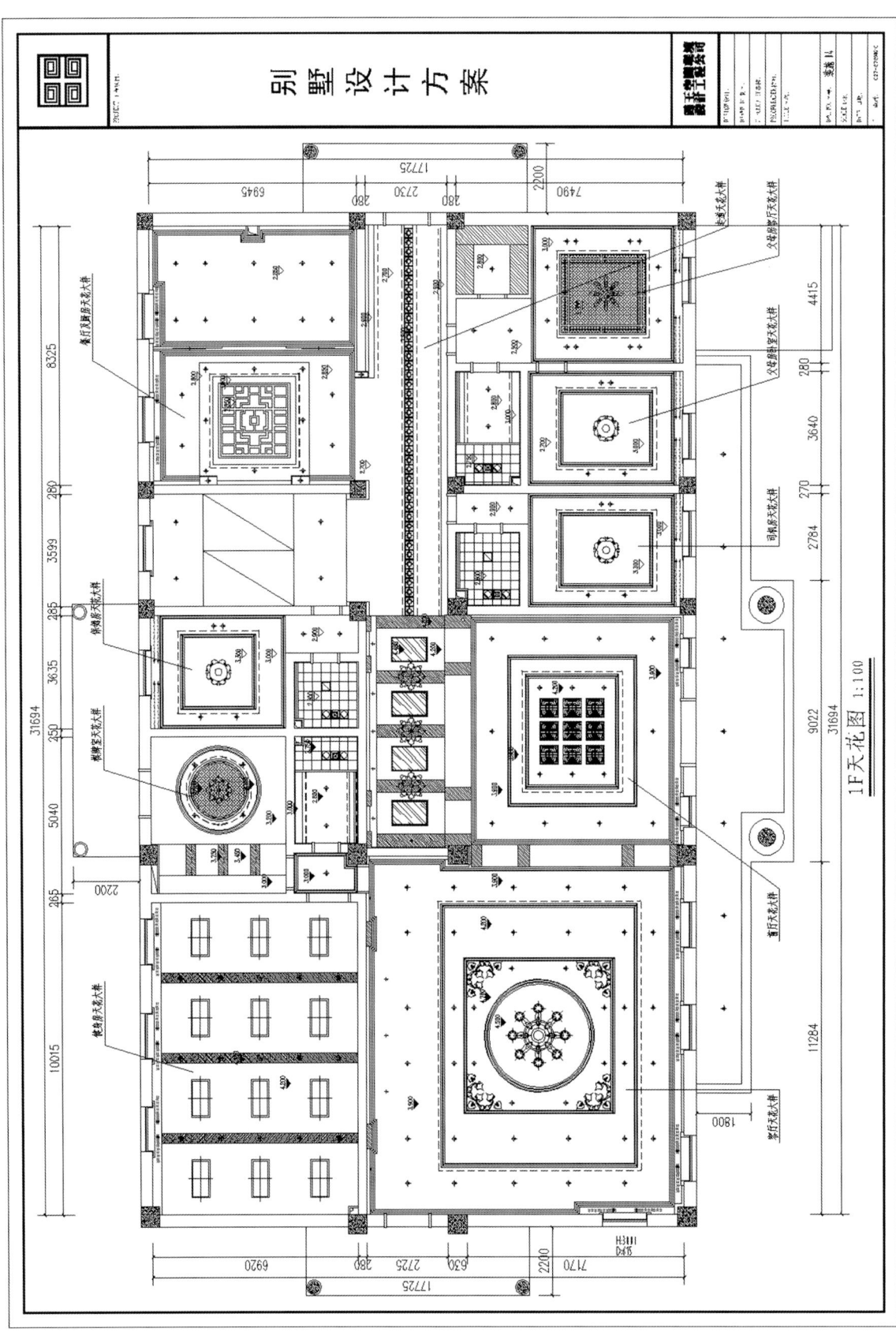

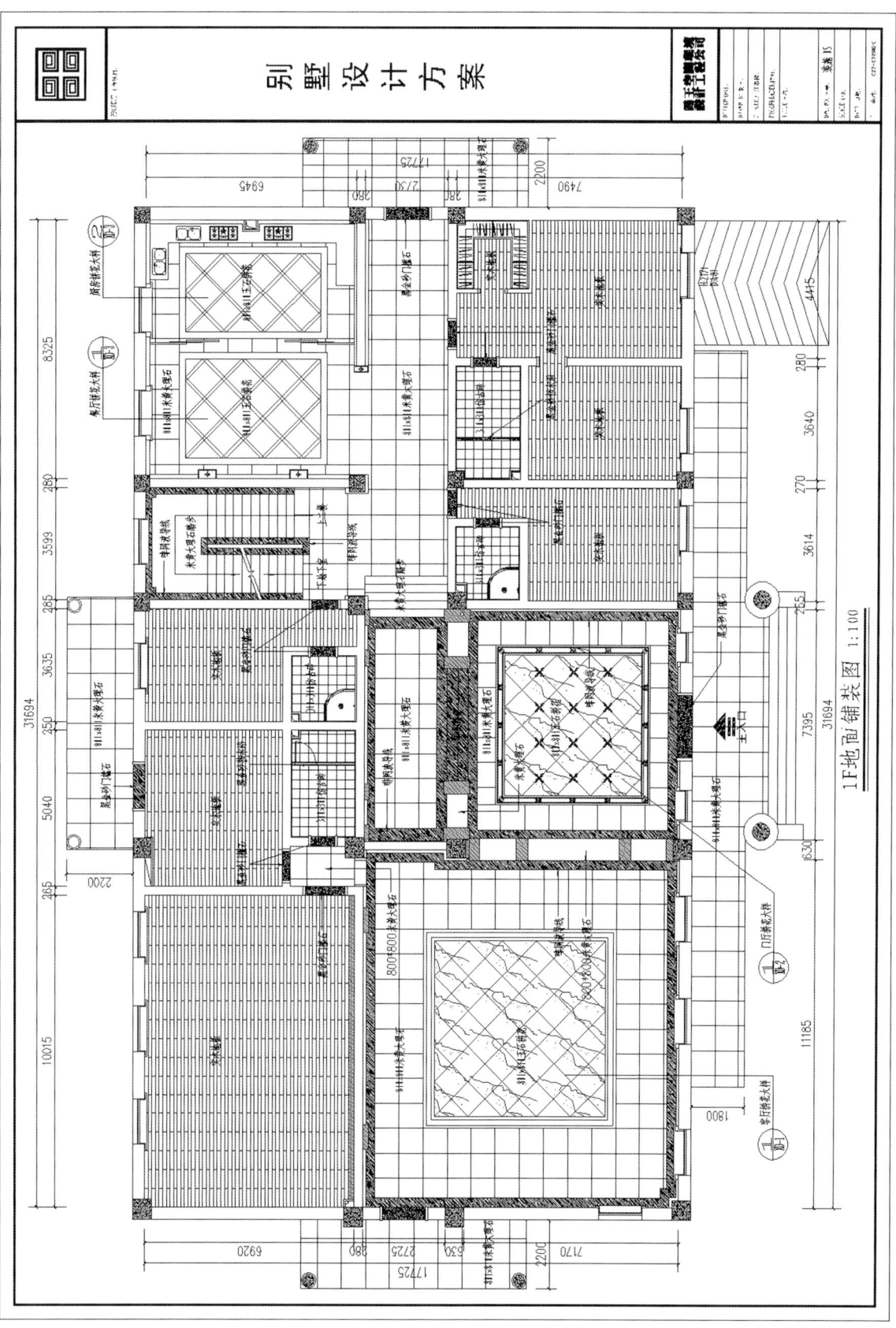

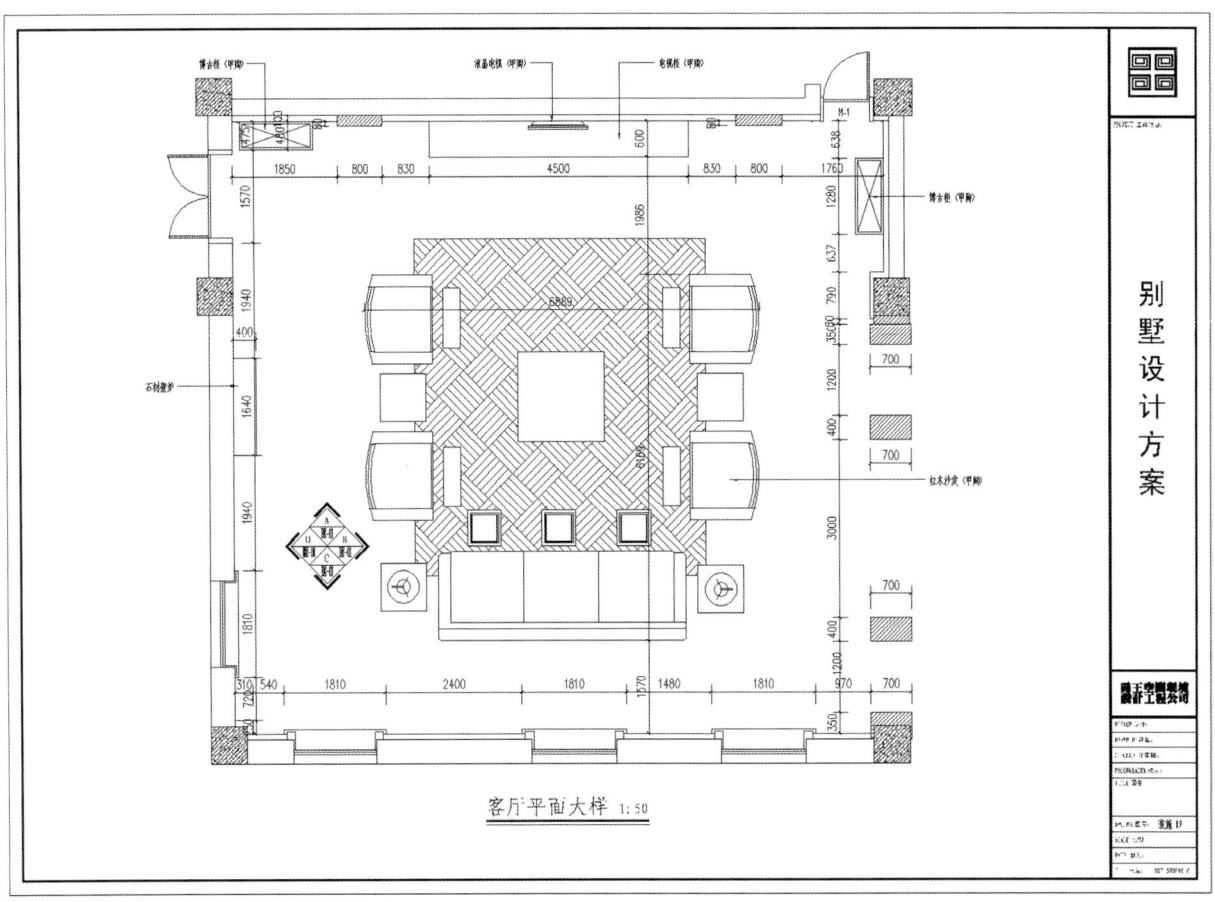

客厅平面大样 1:50

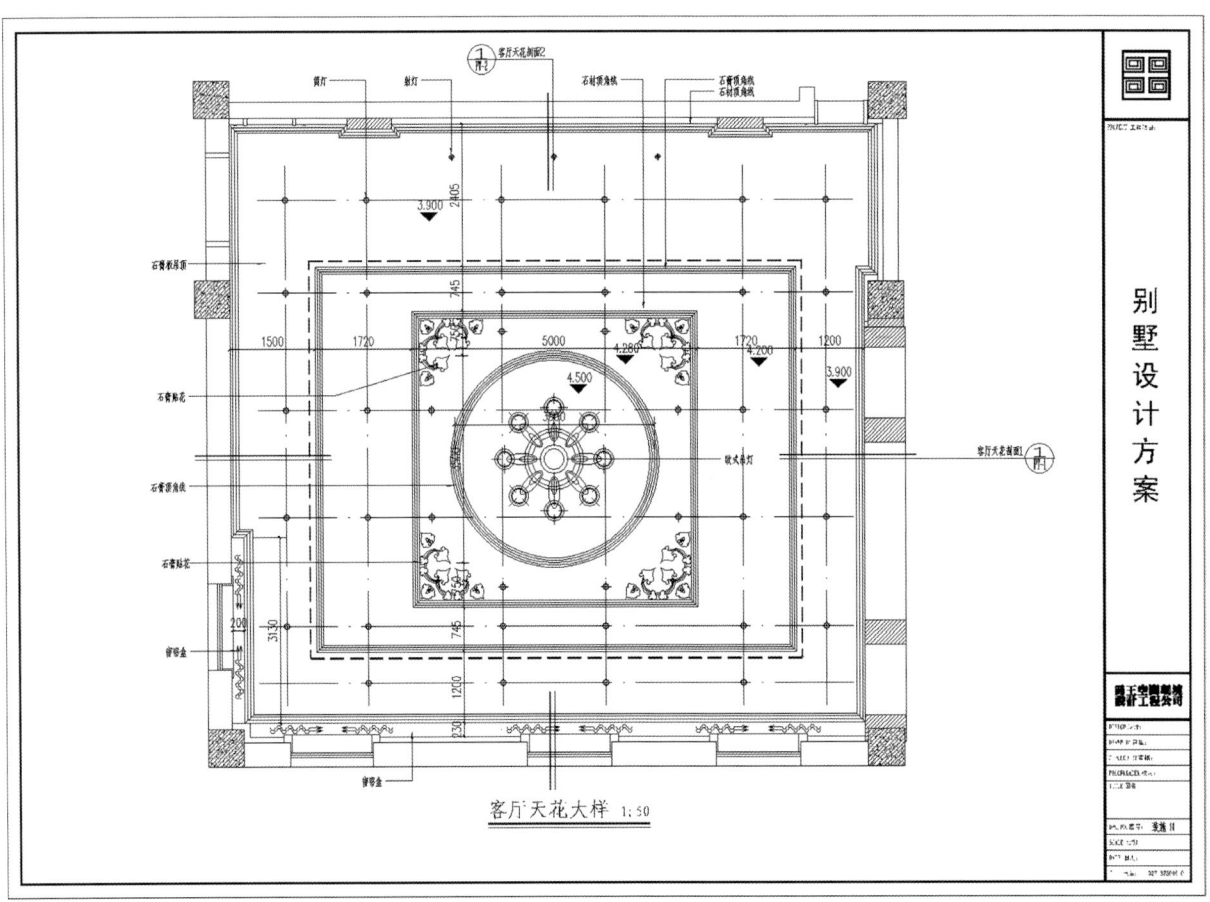

客厅天花大样 1:50

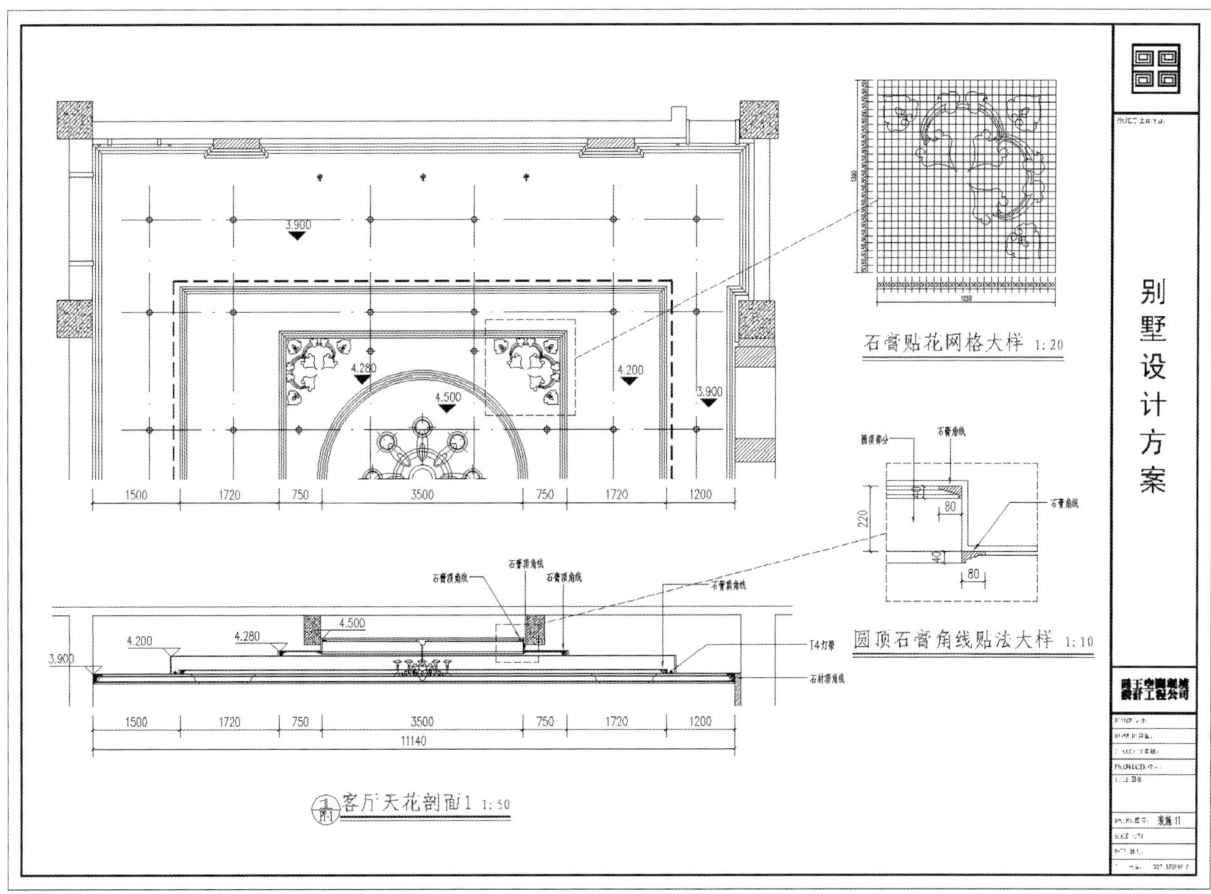
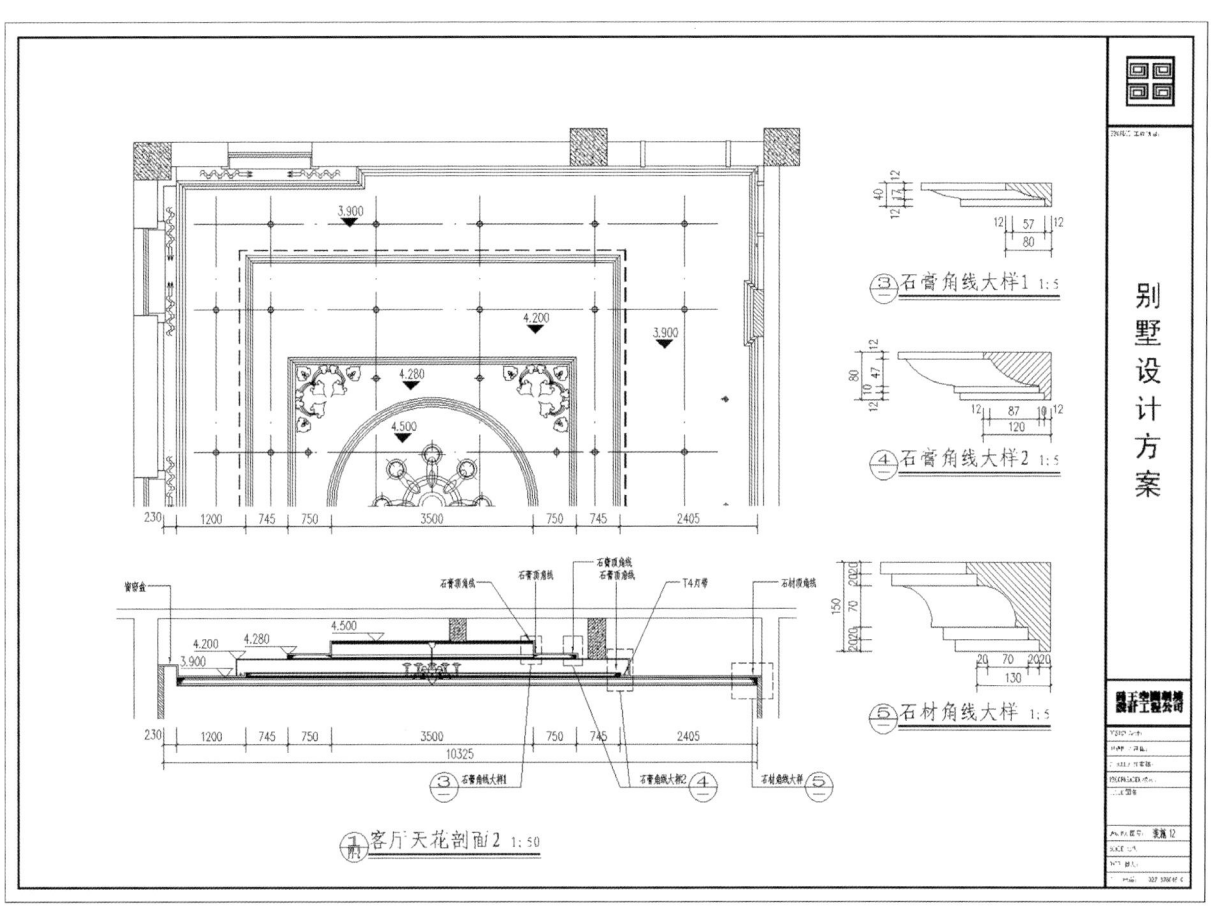

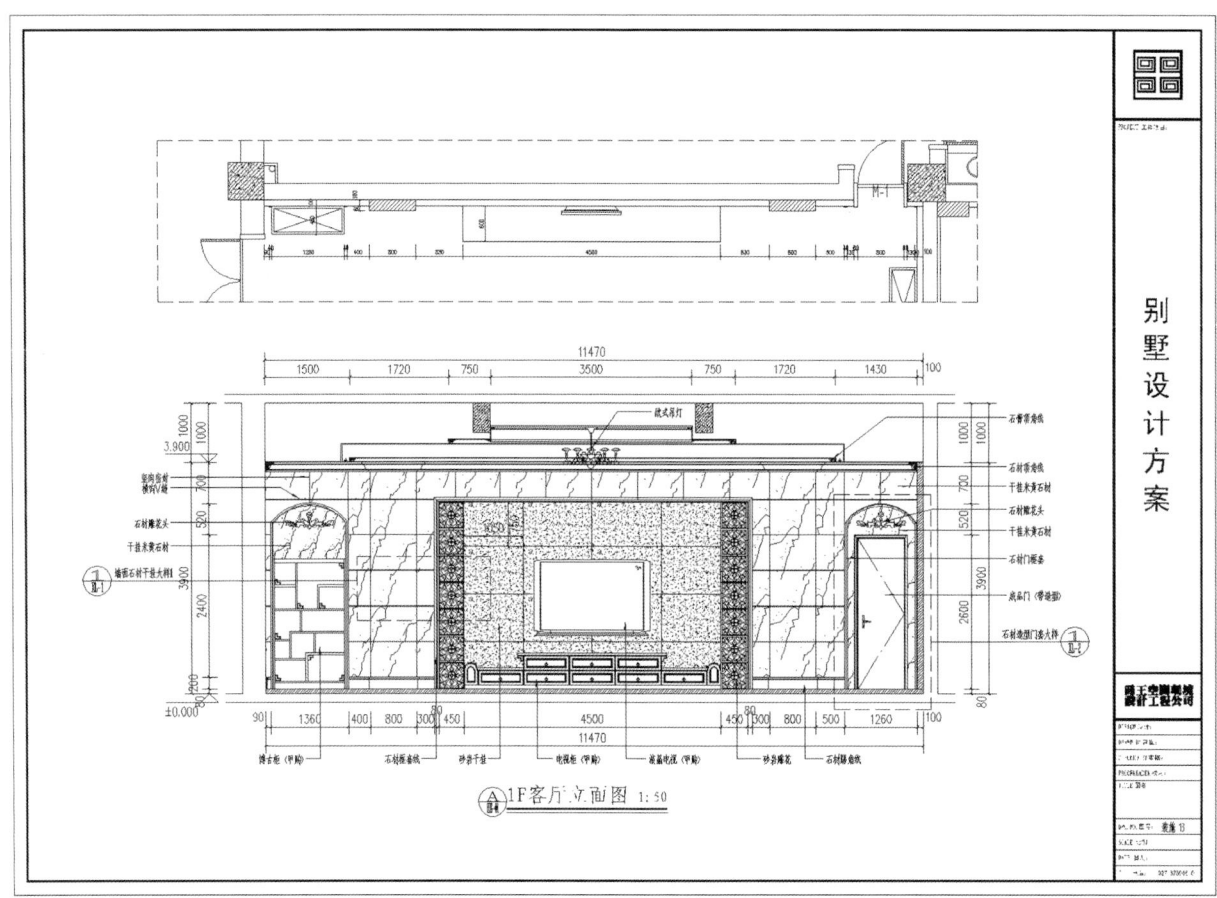

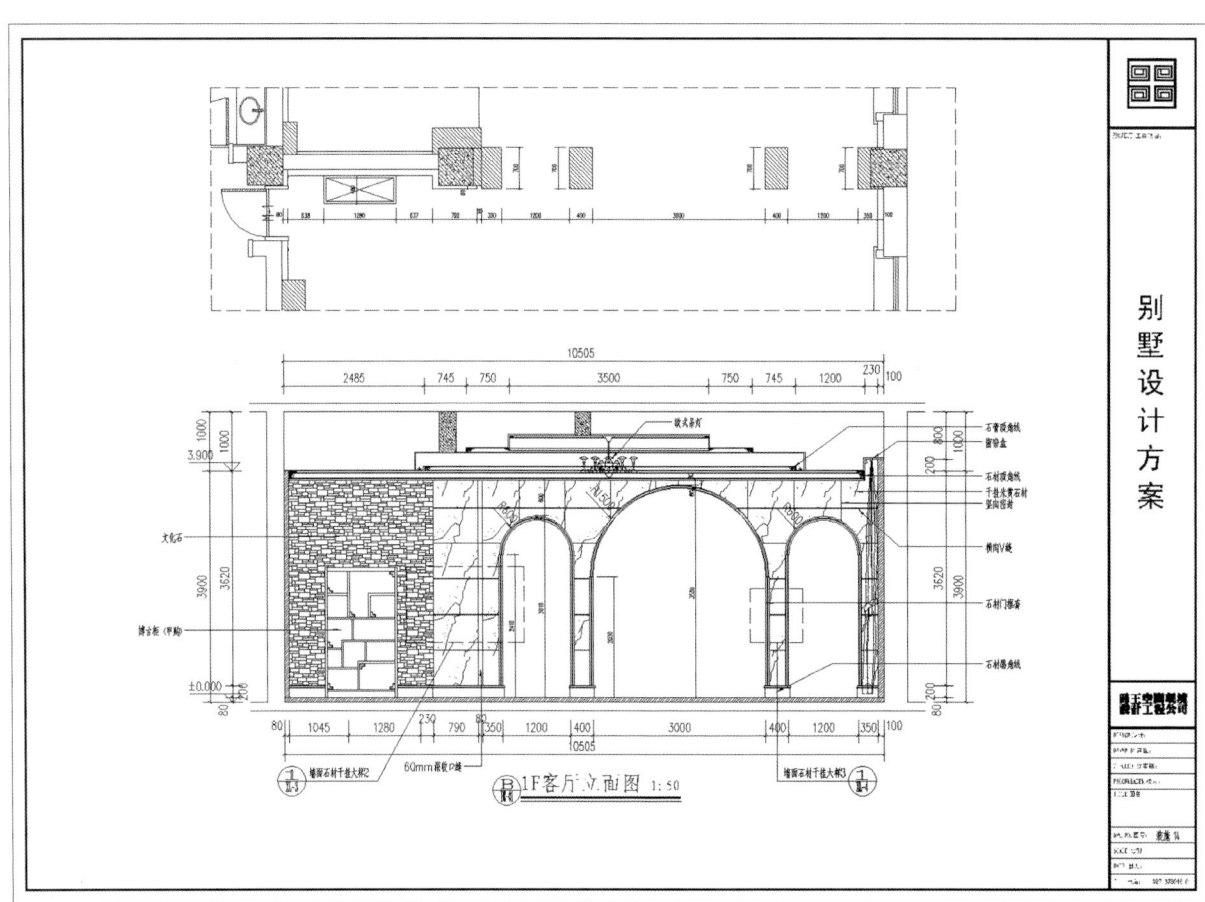

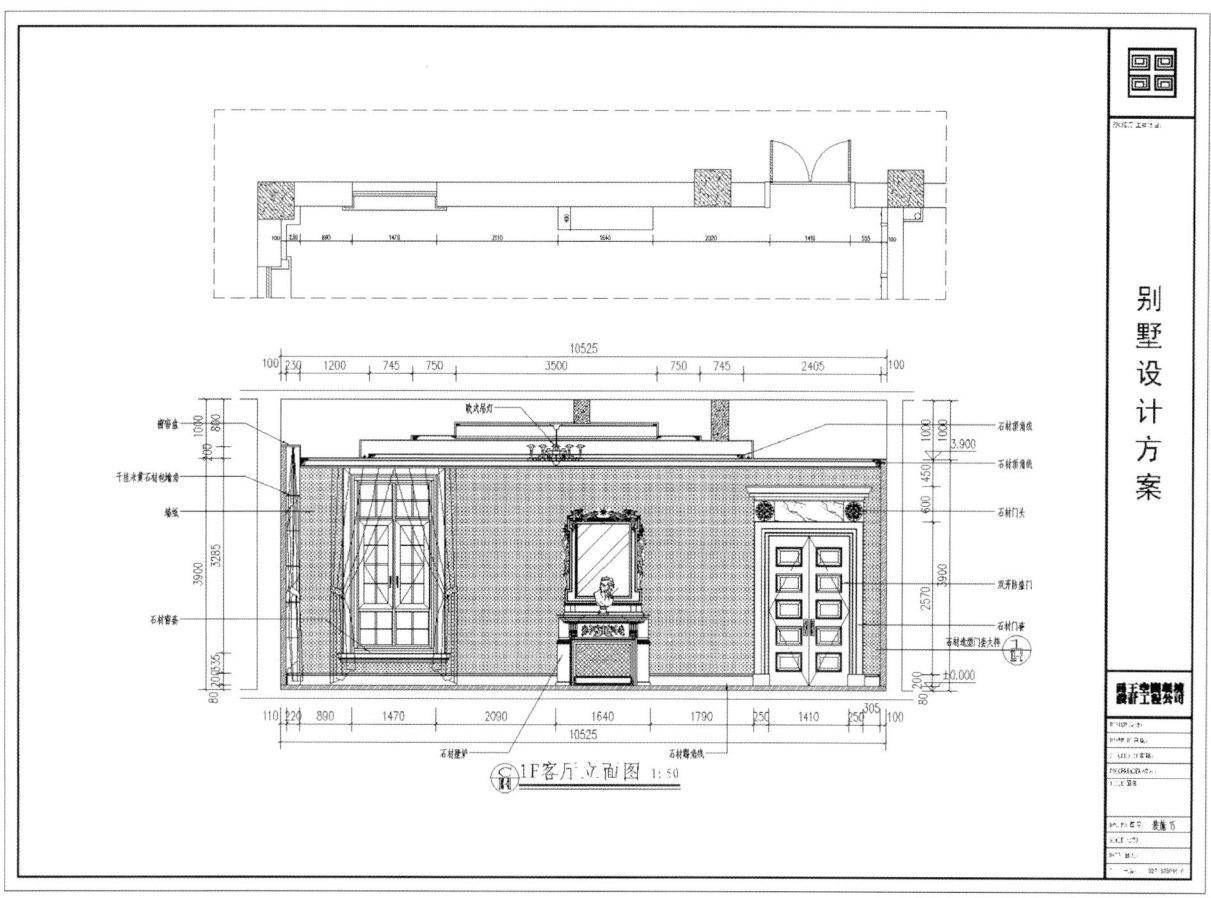

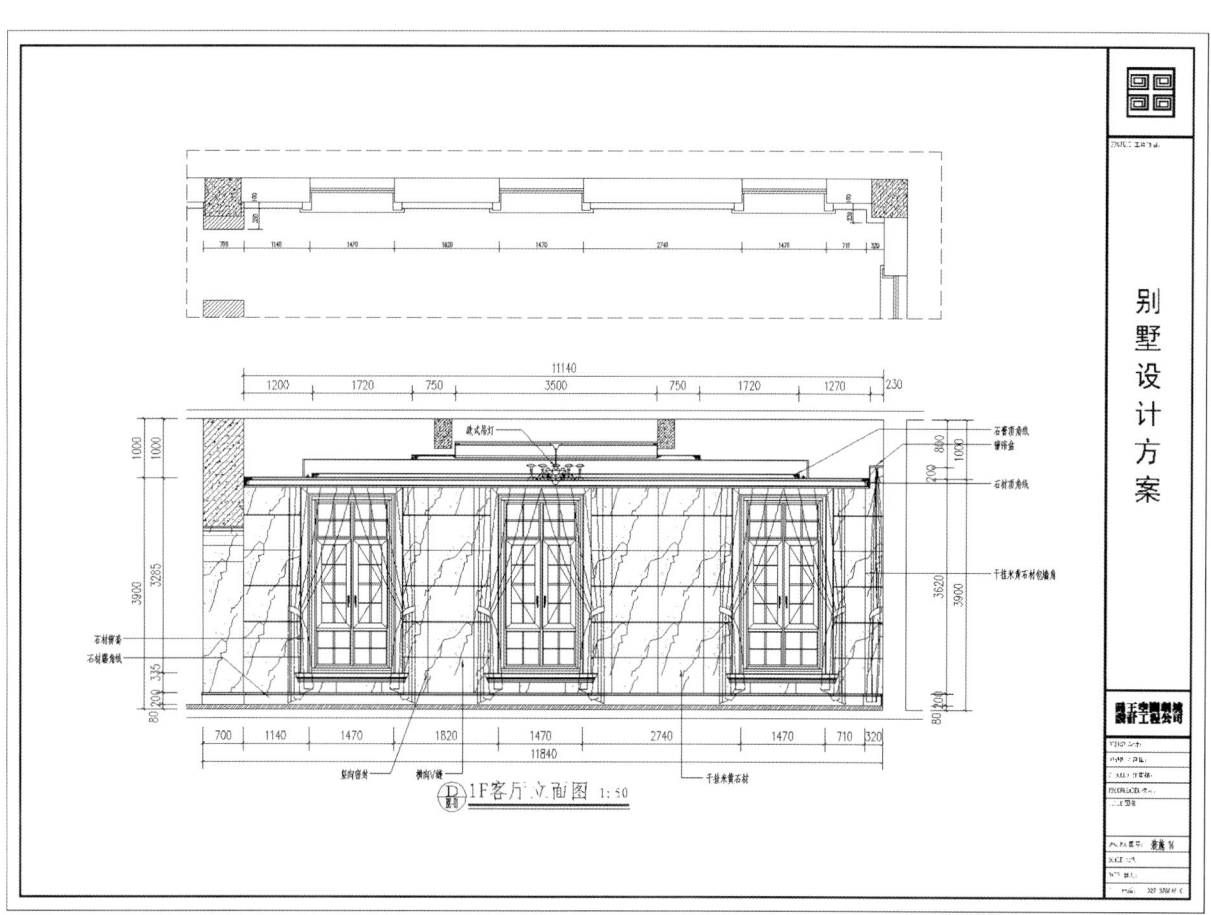

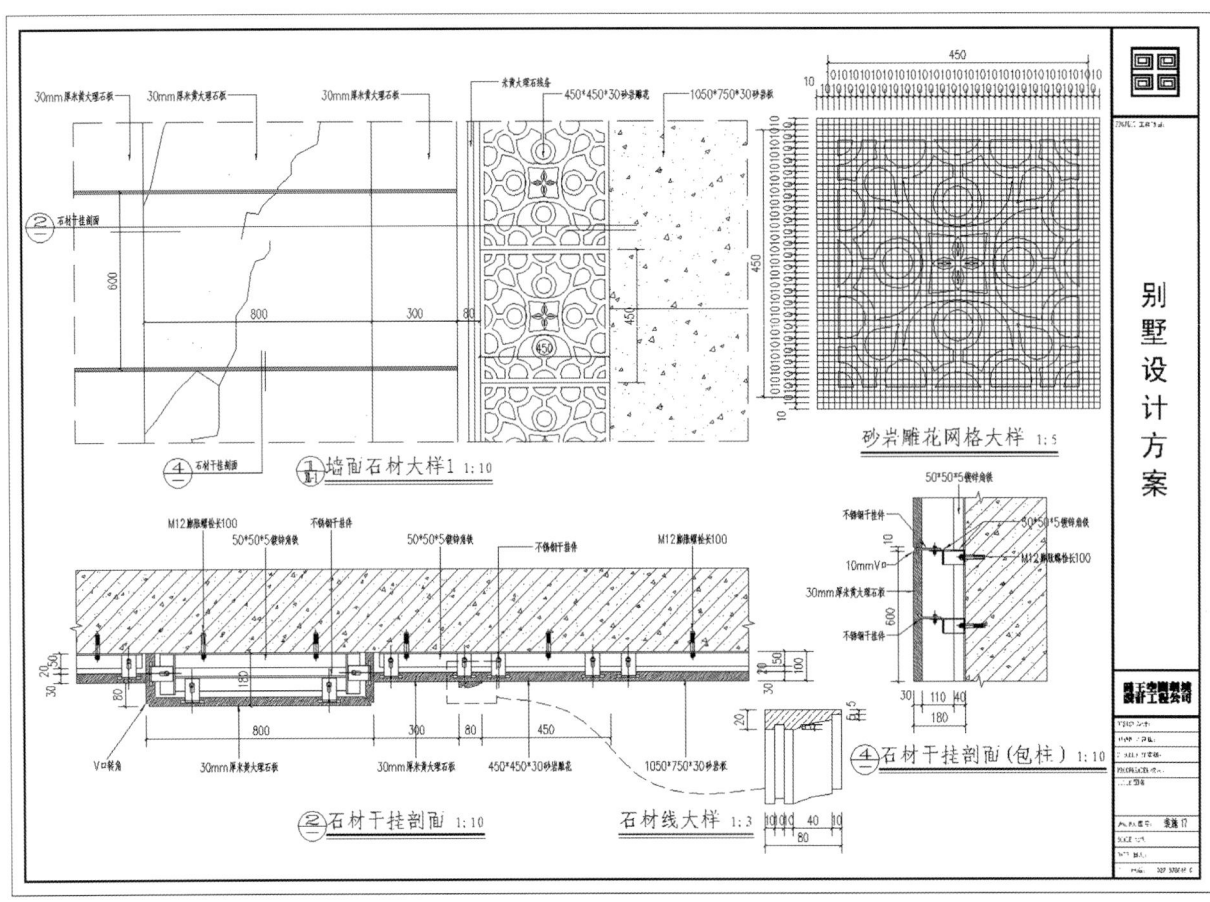
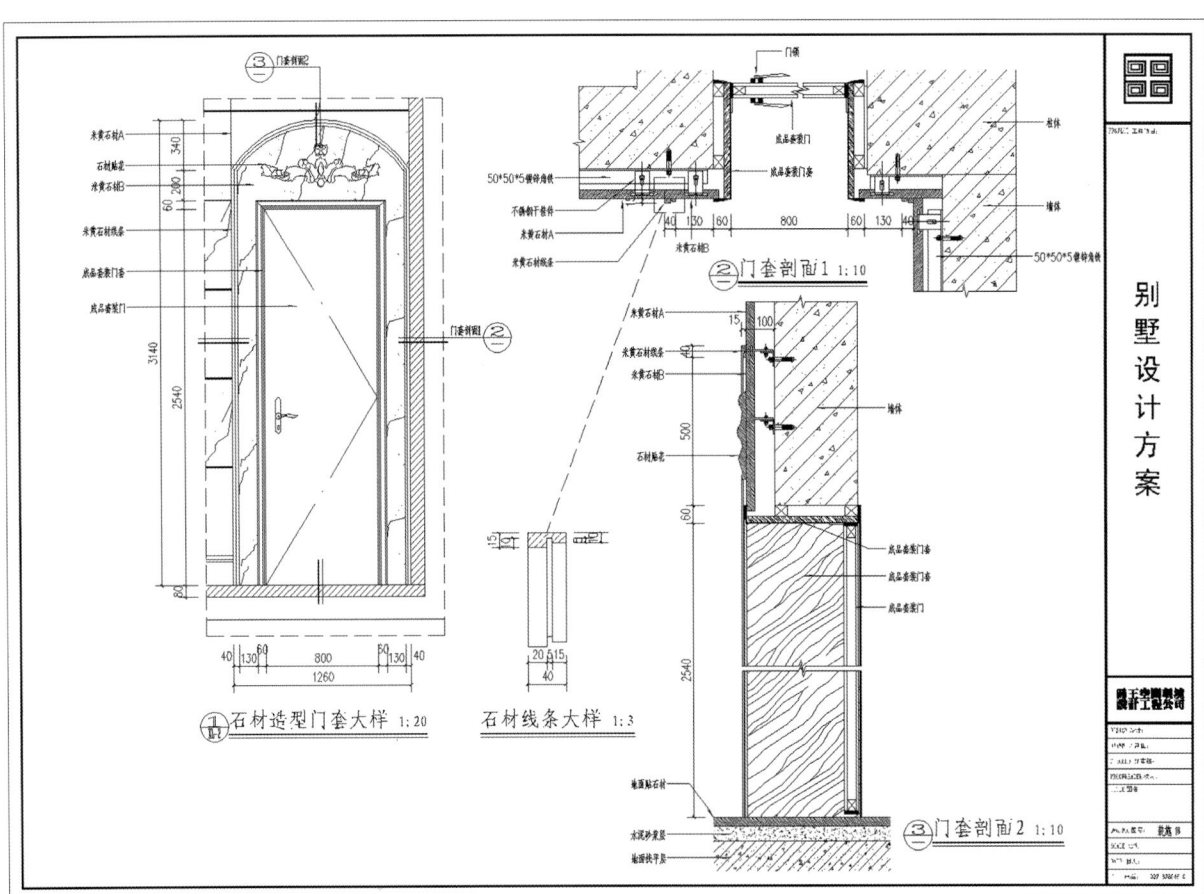

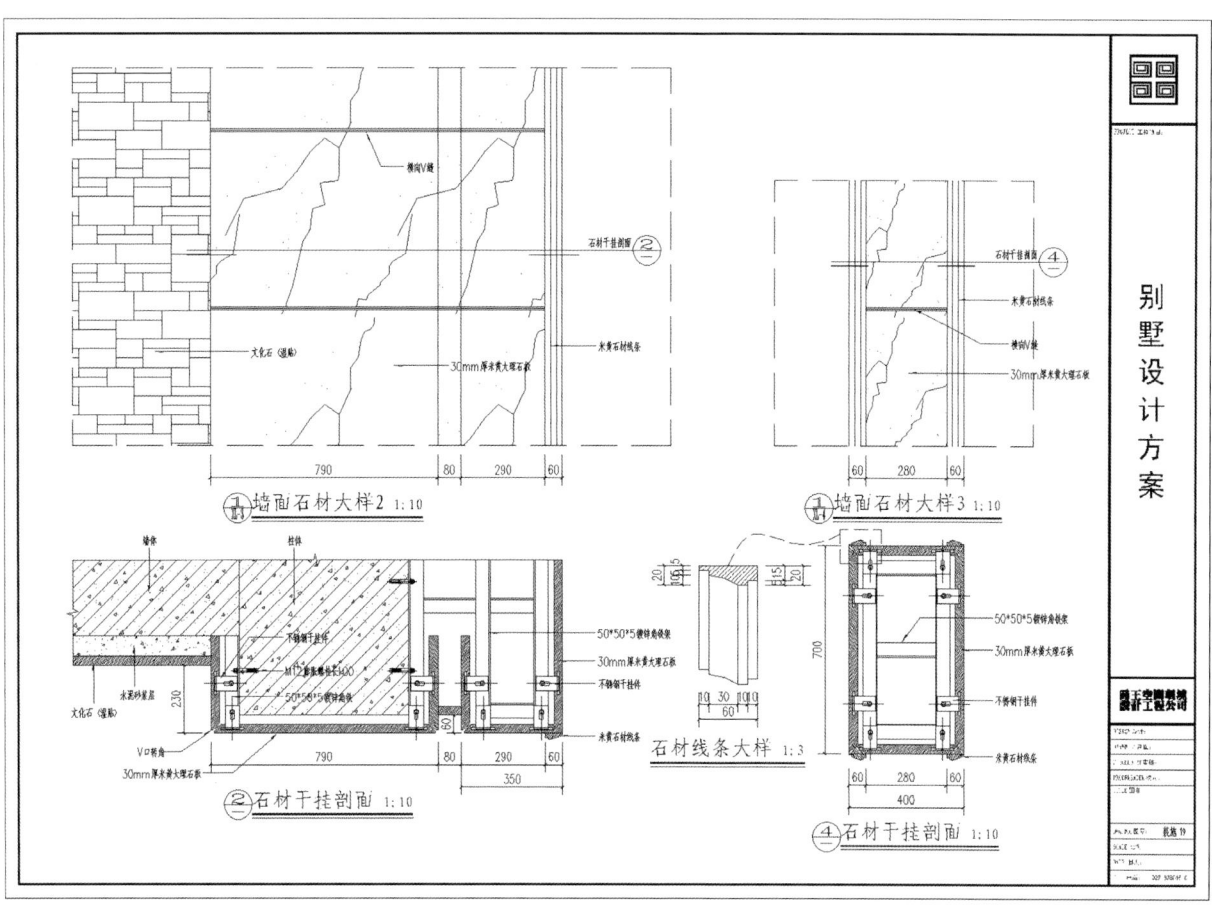

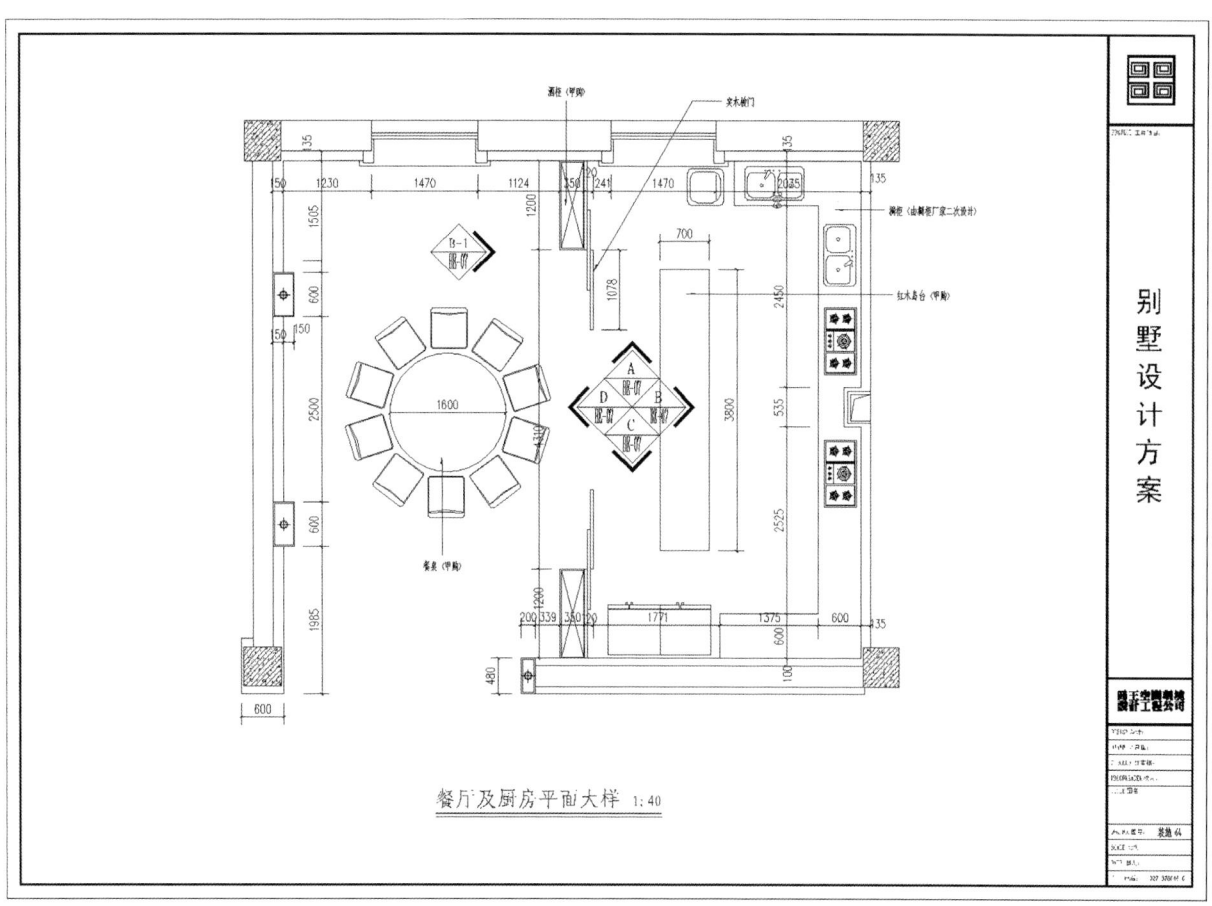

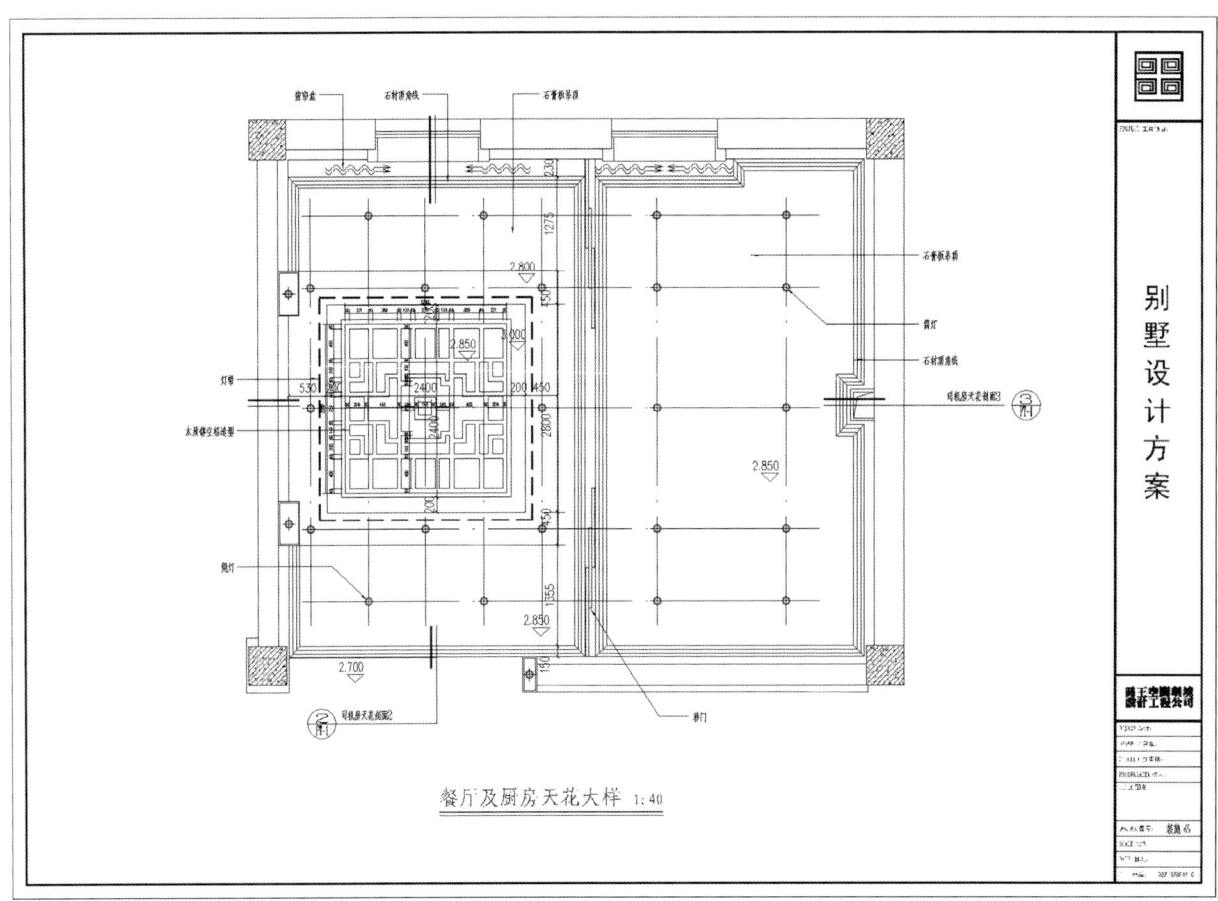

餐厅及厨房天花大样 1:40

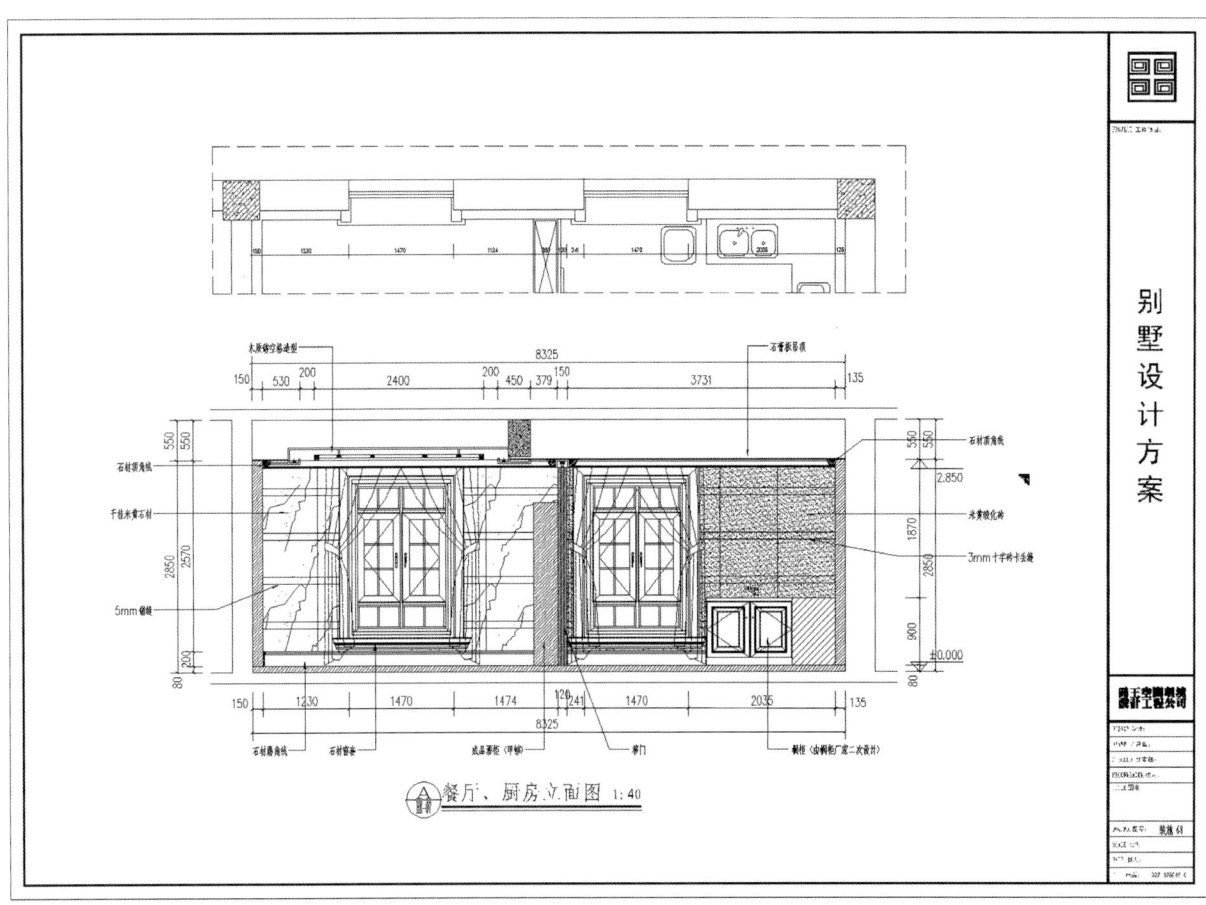

餐厅、厨房立面图 1:40

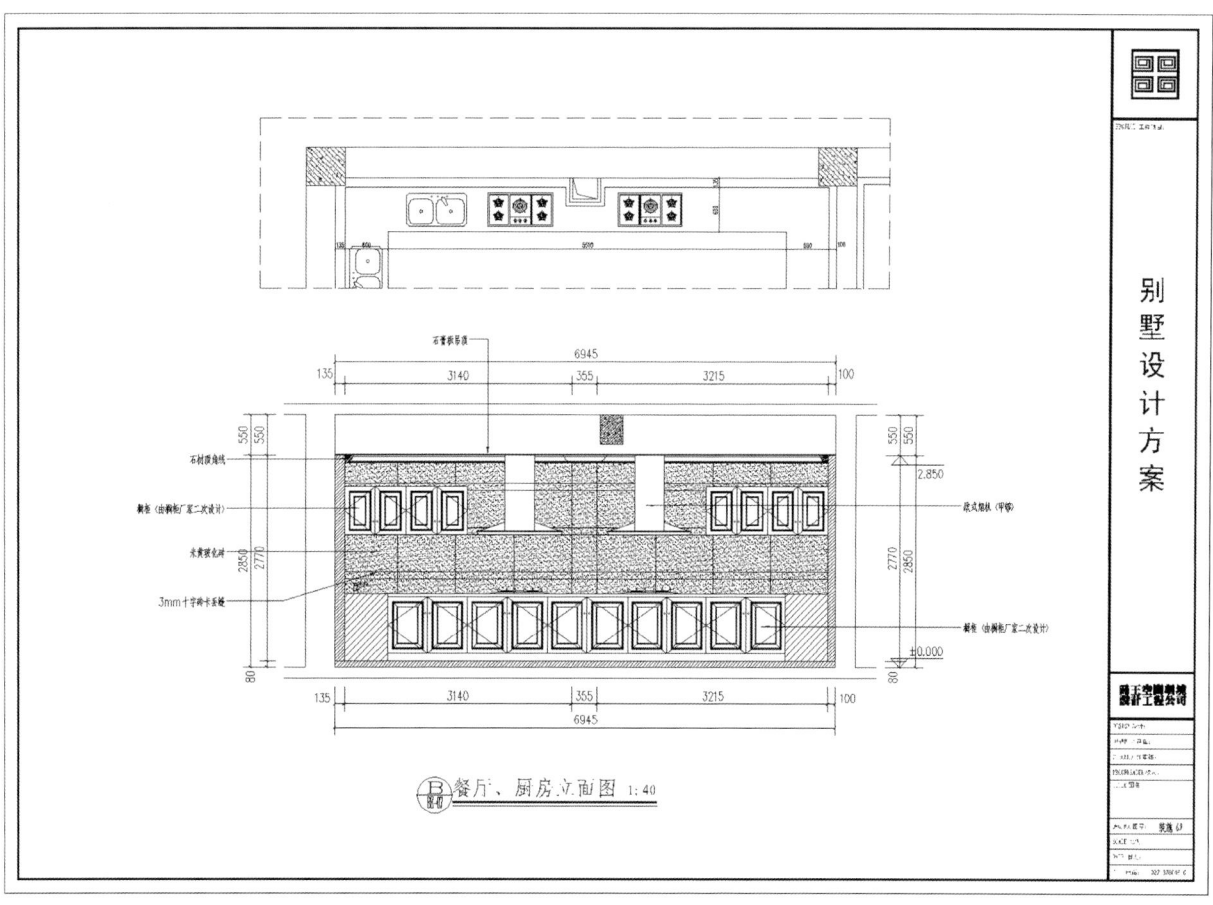
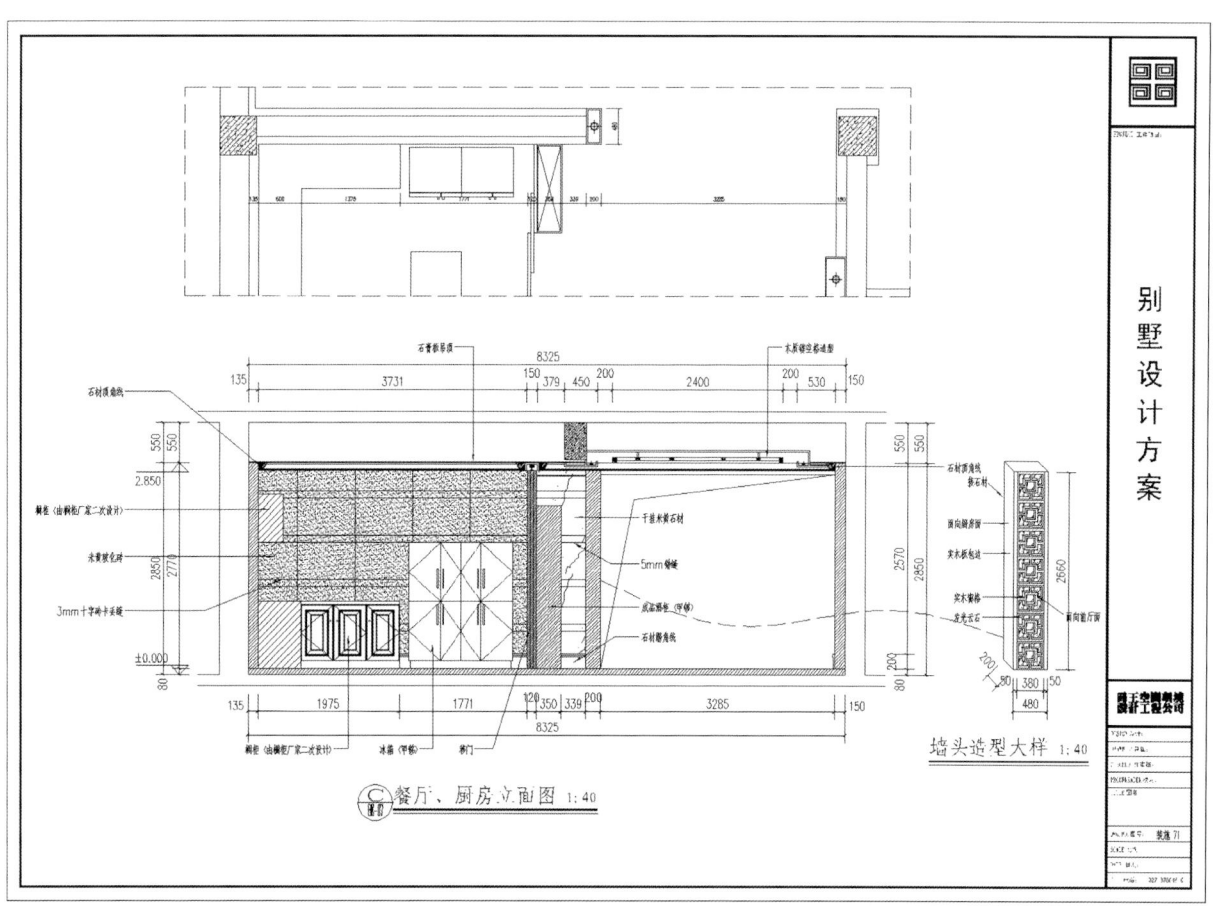

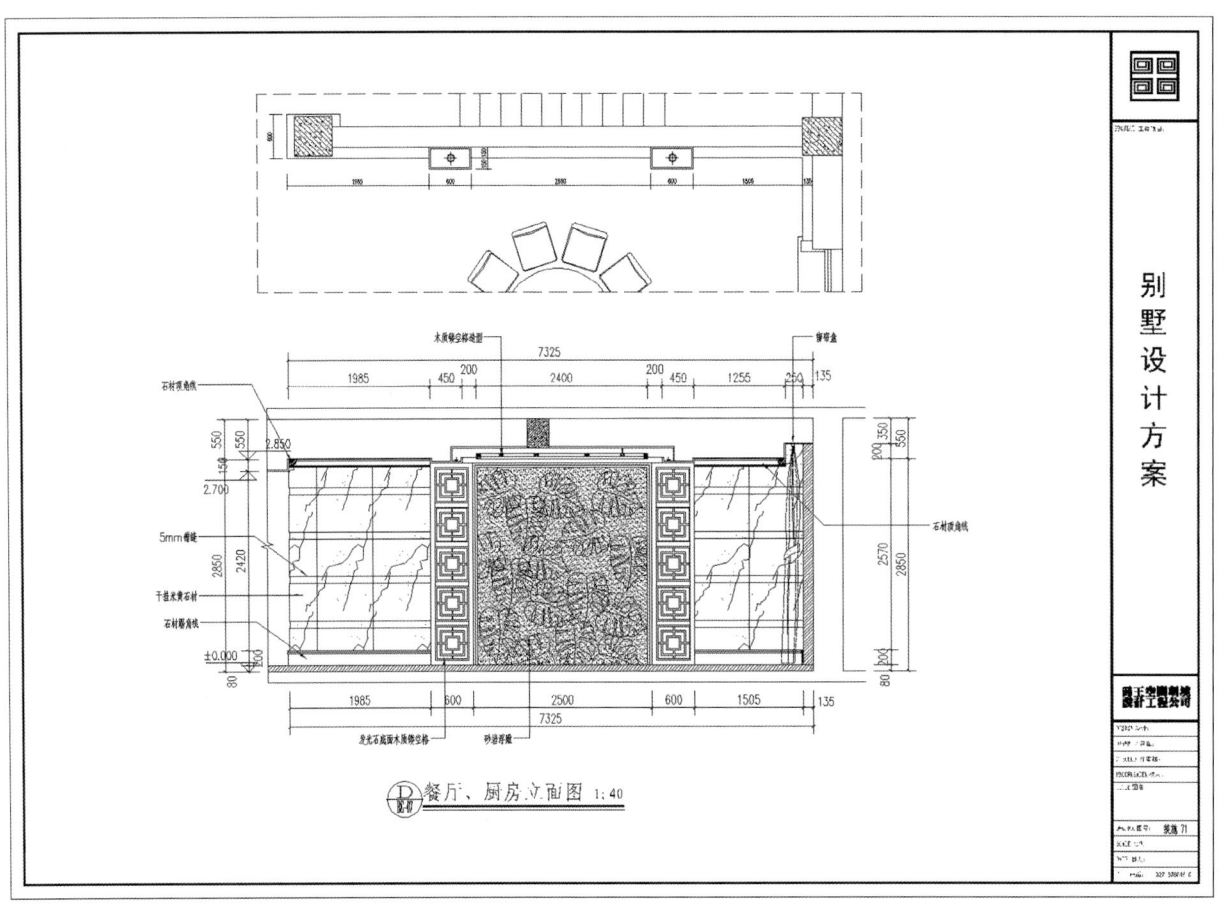
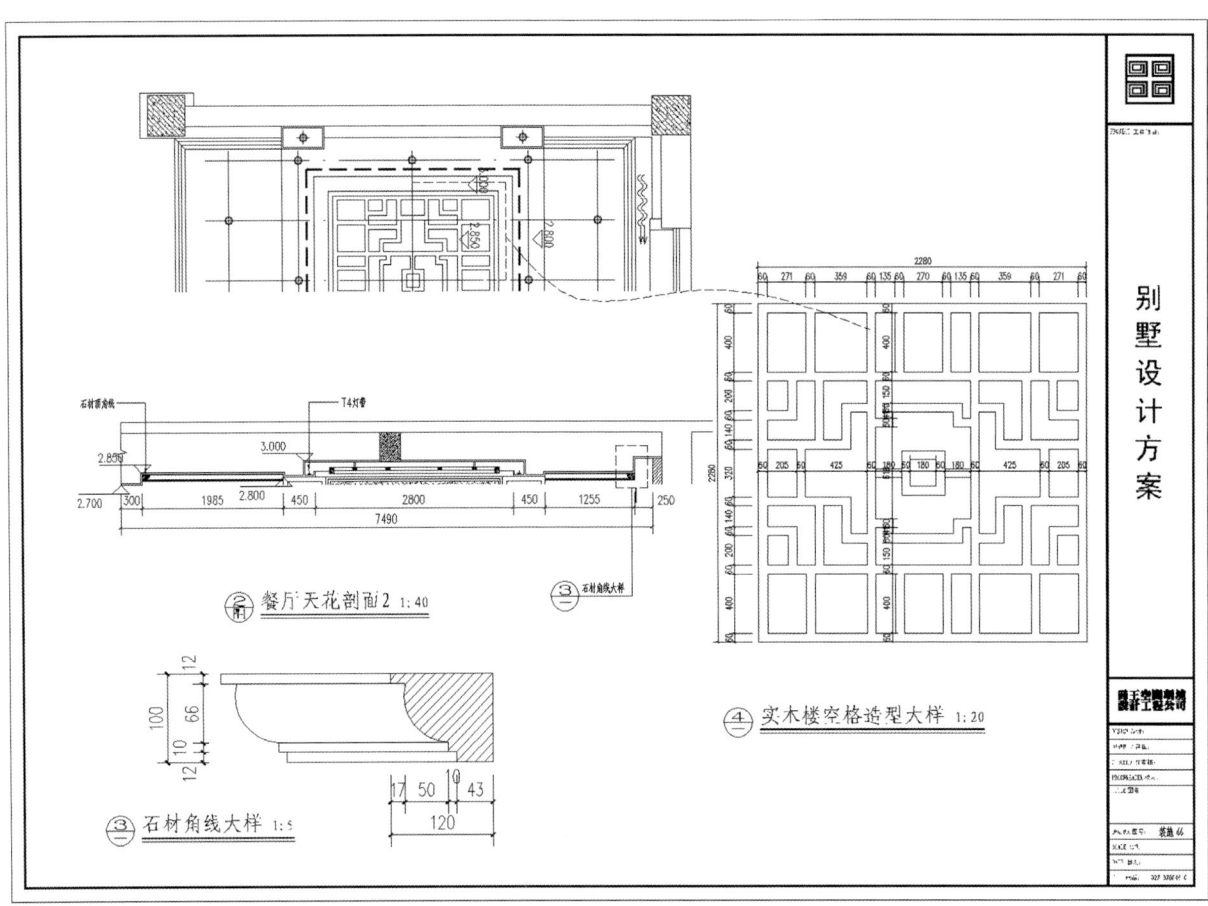

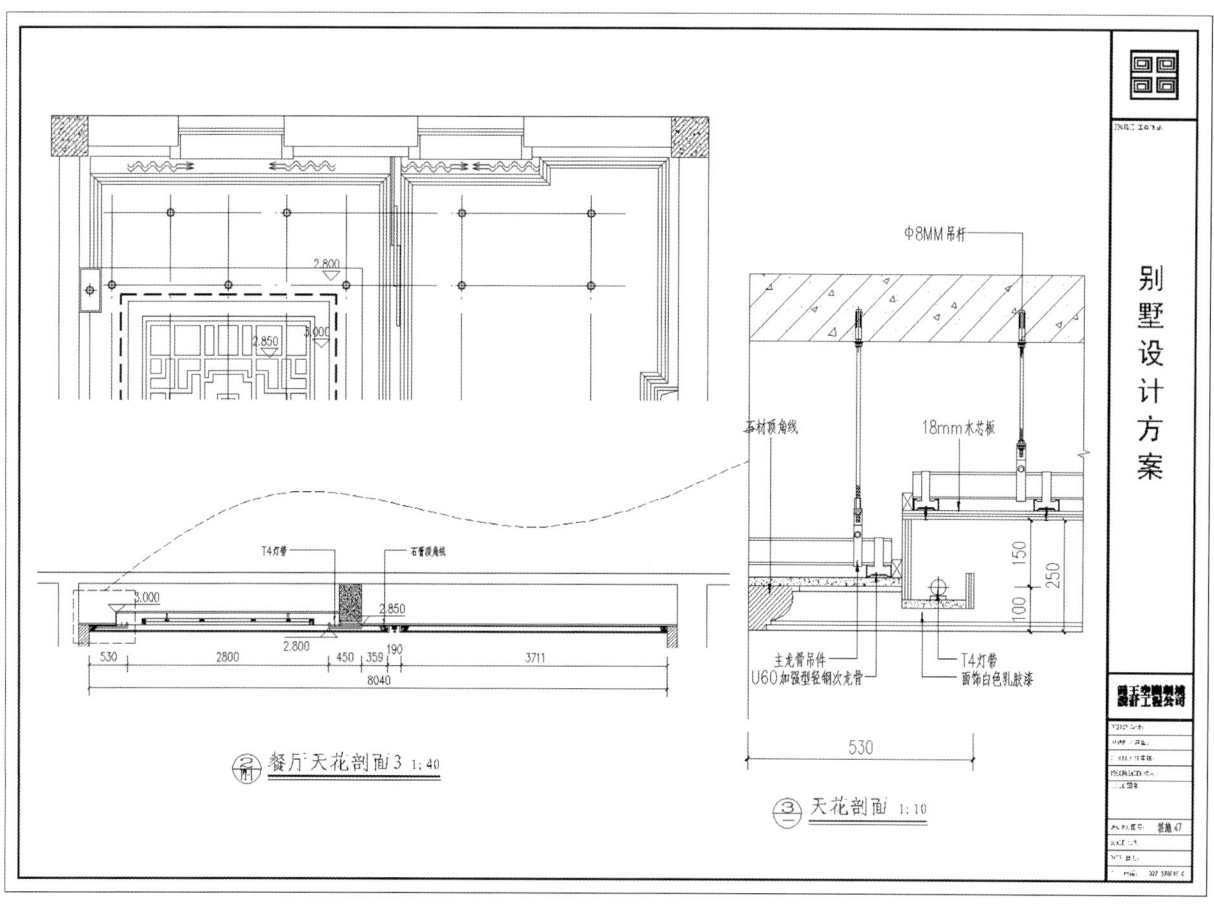
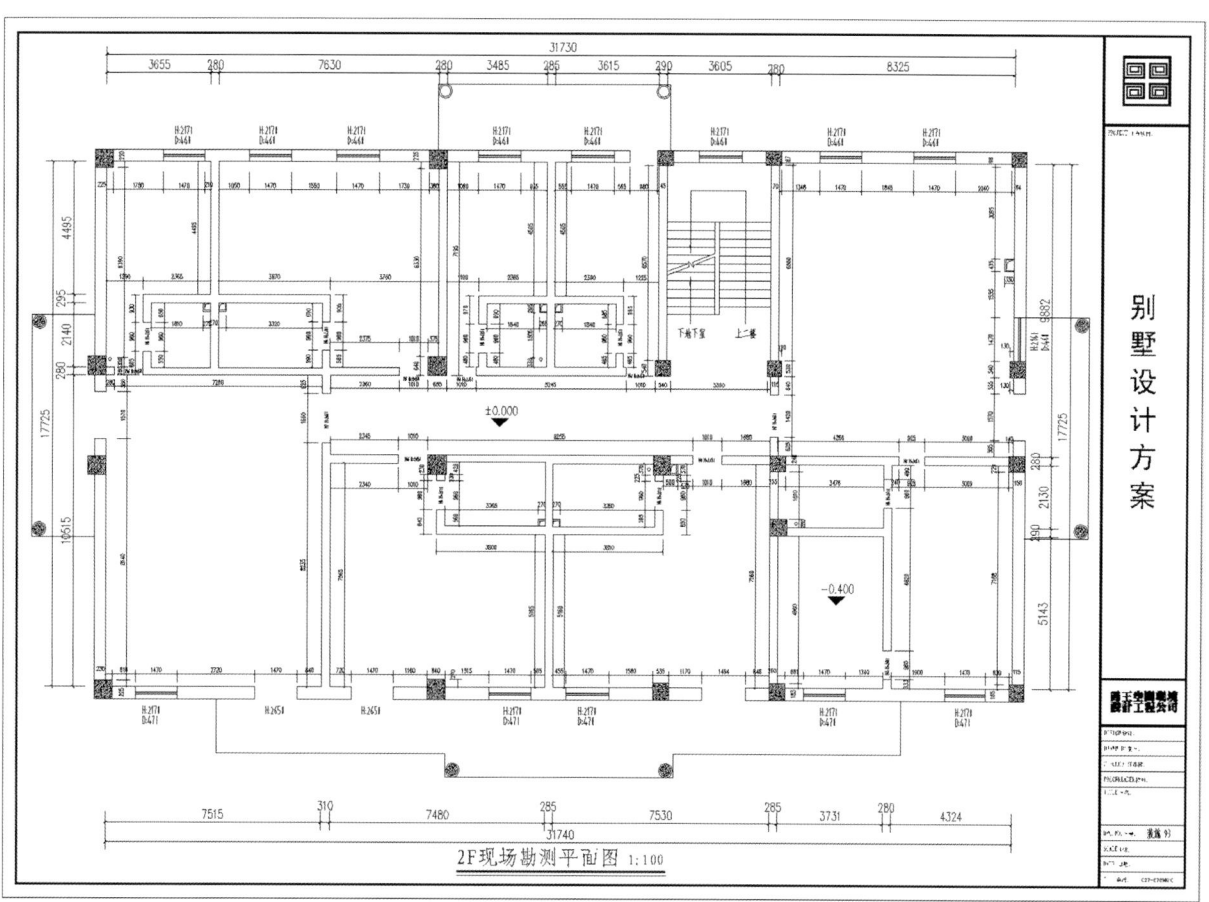

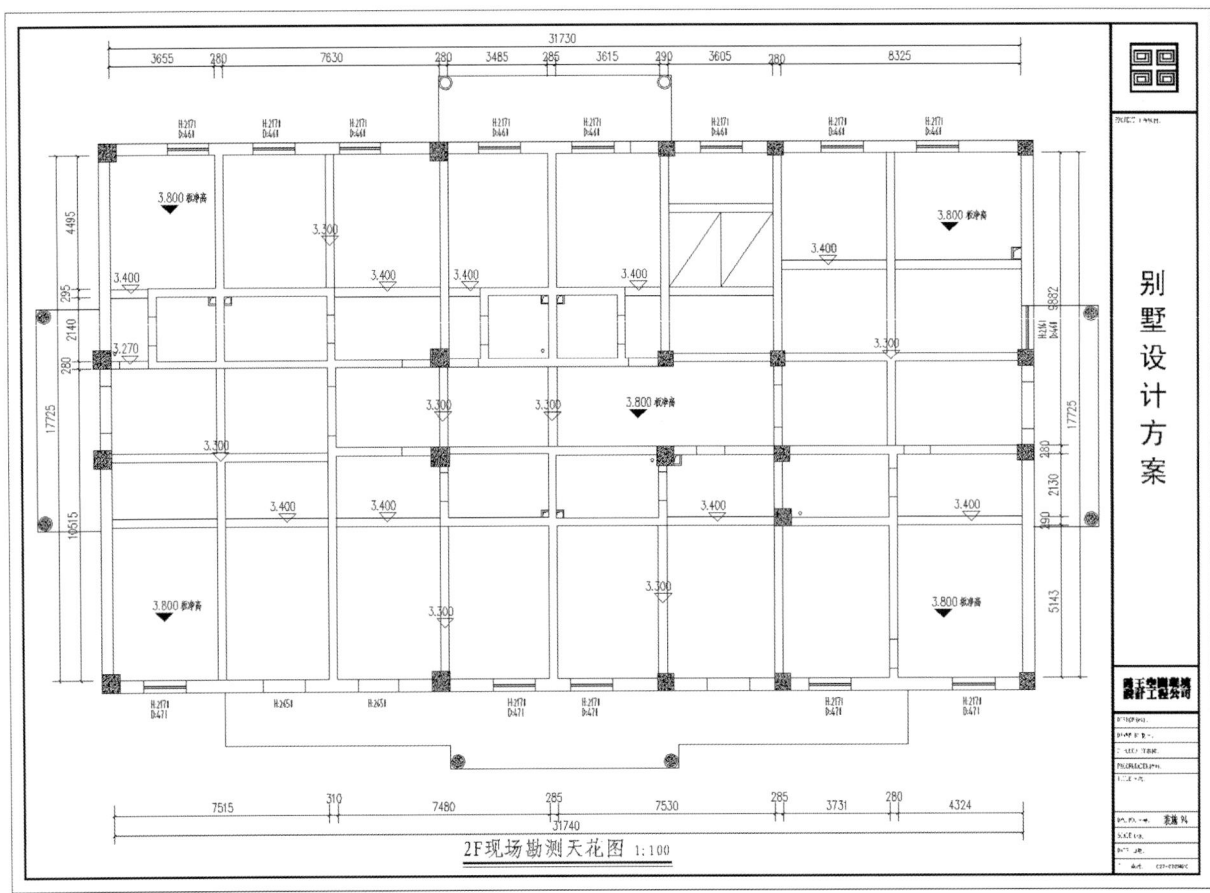
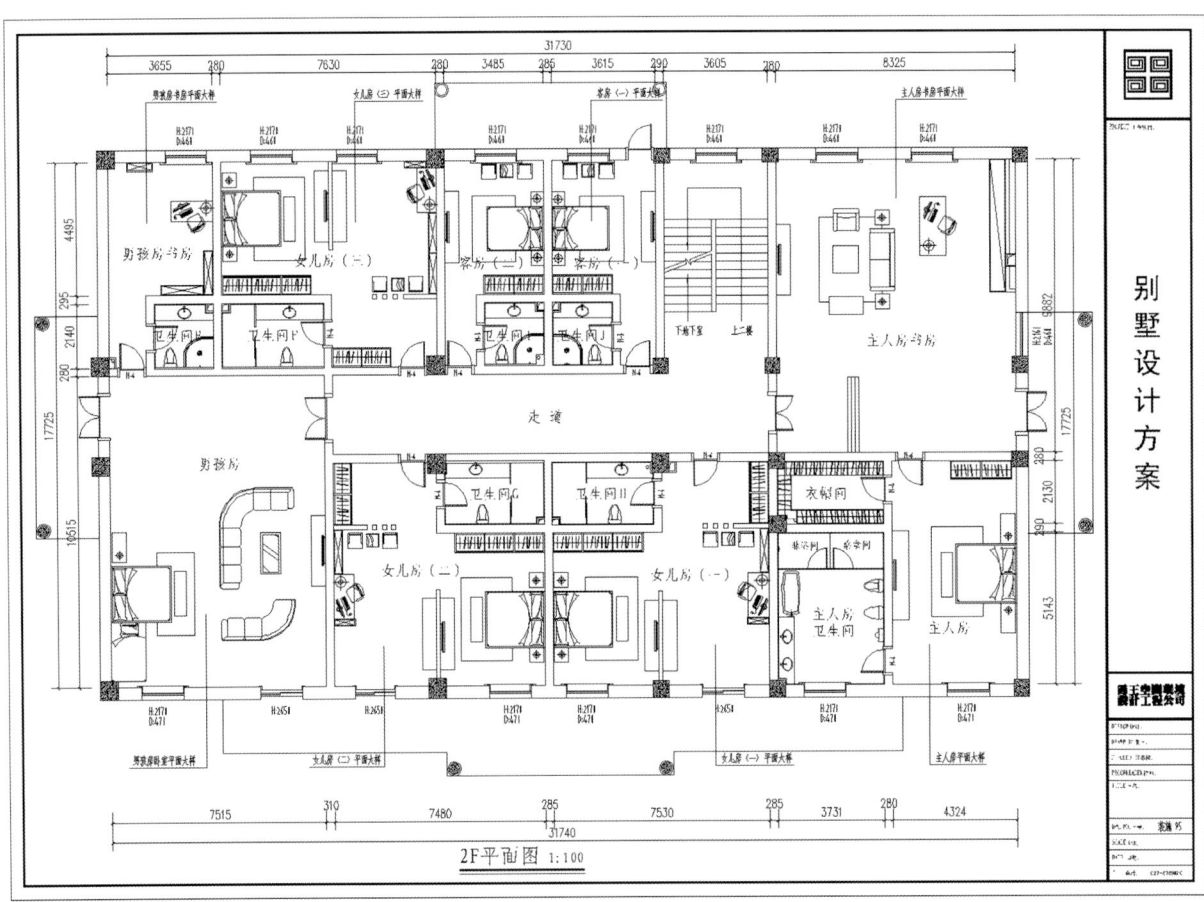

居住建筑室内设计与施工 | Residential Interior Design and Construction

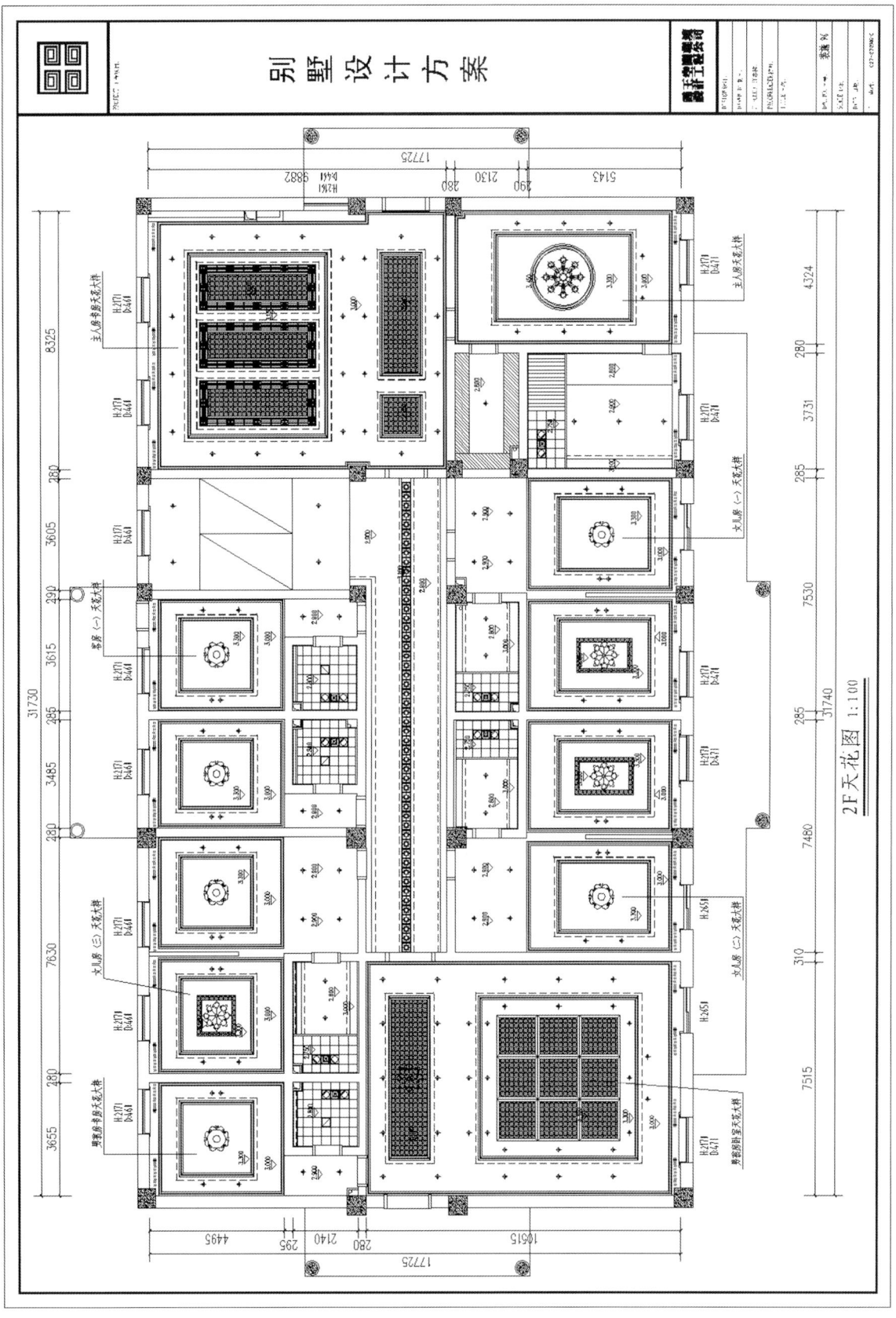

别墅设计方案

2F天花图 1:100

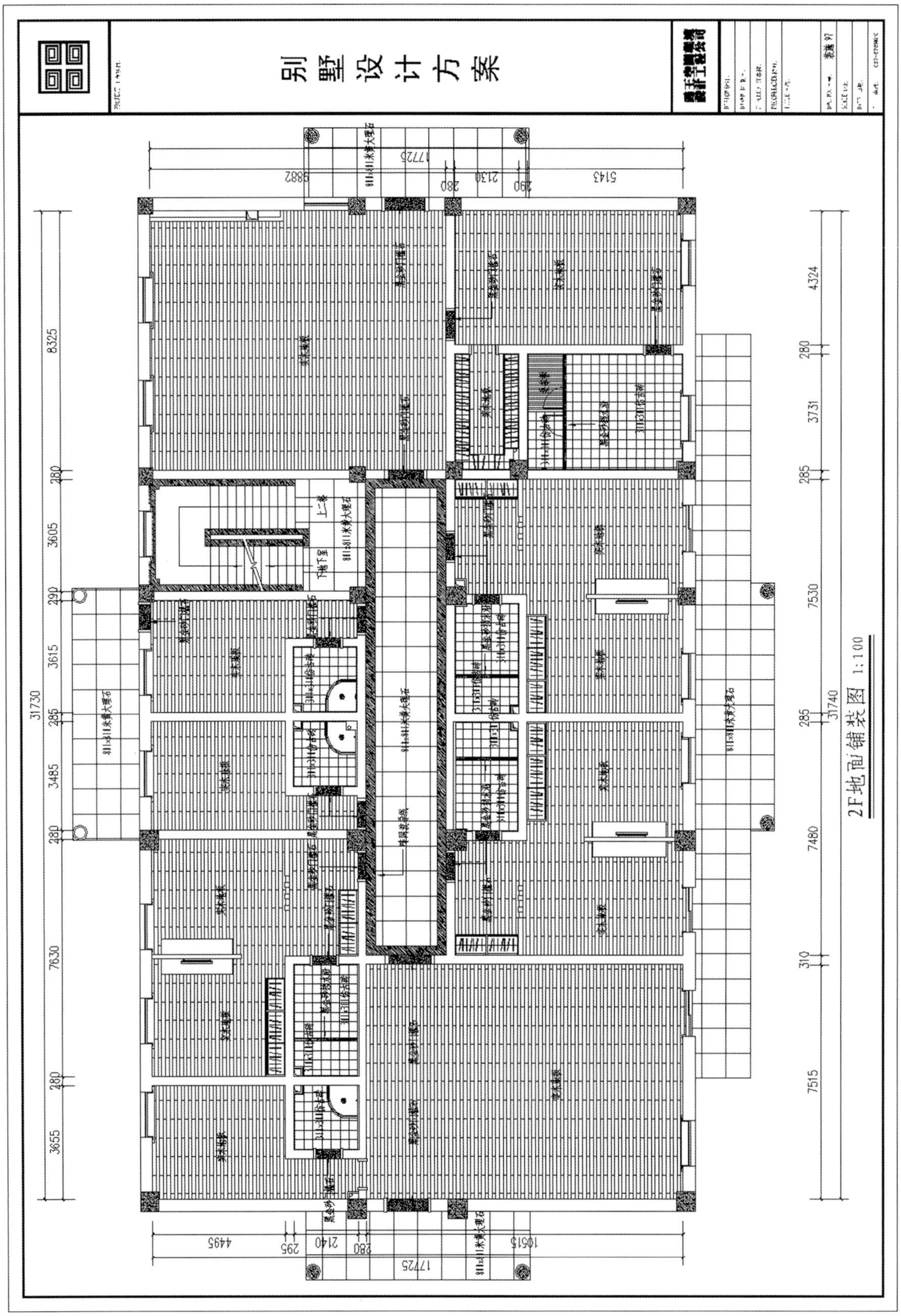

别墅设计方案

2F地面铺装图 1:100

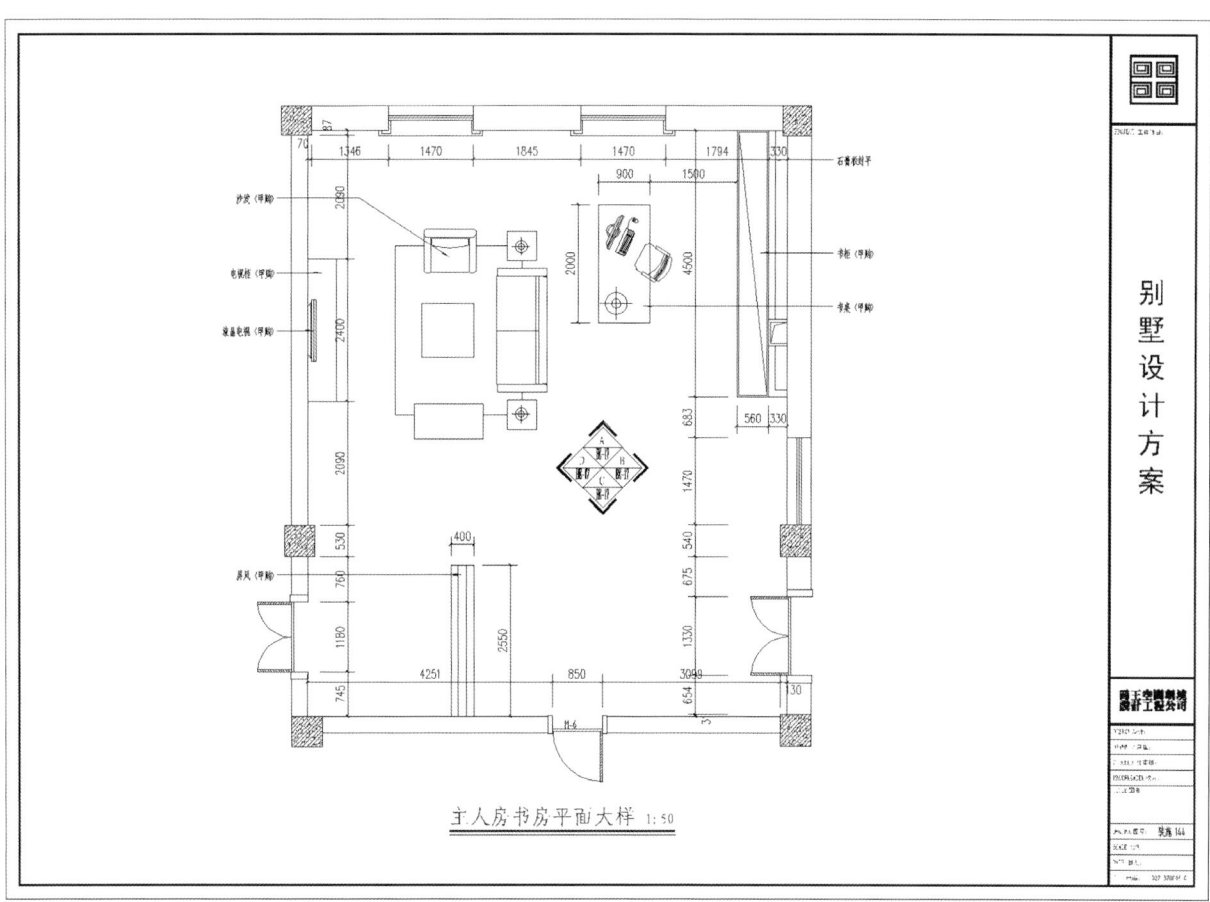

主人房书房平面大样 1:50

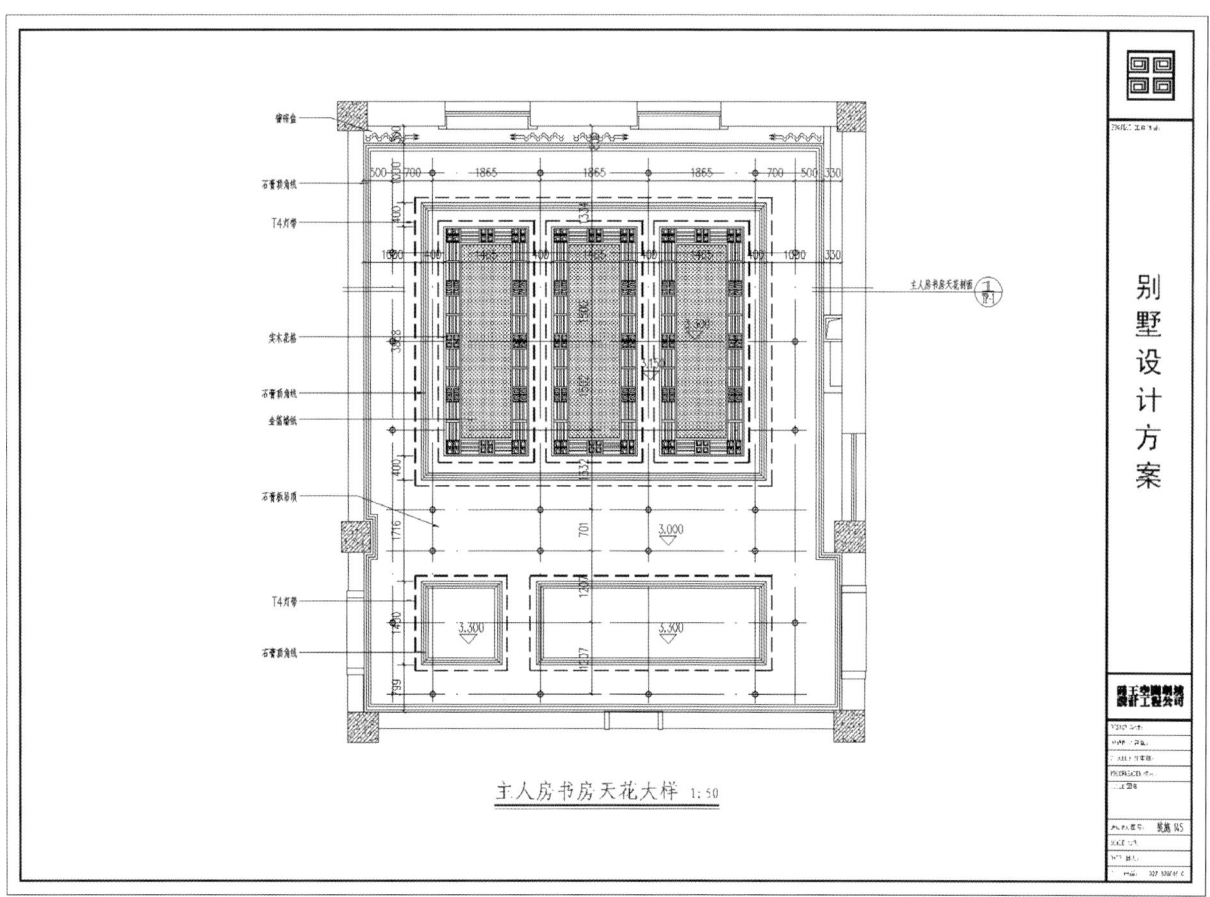

主人房书房天花大样 1:50

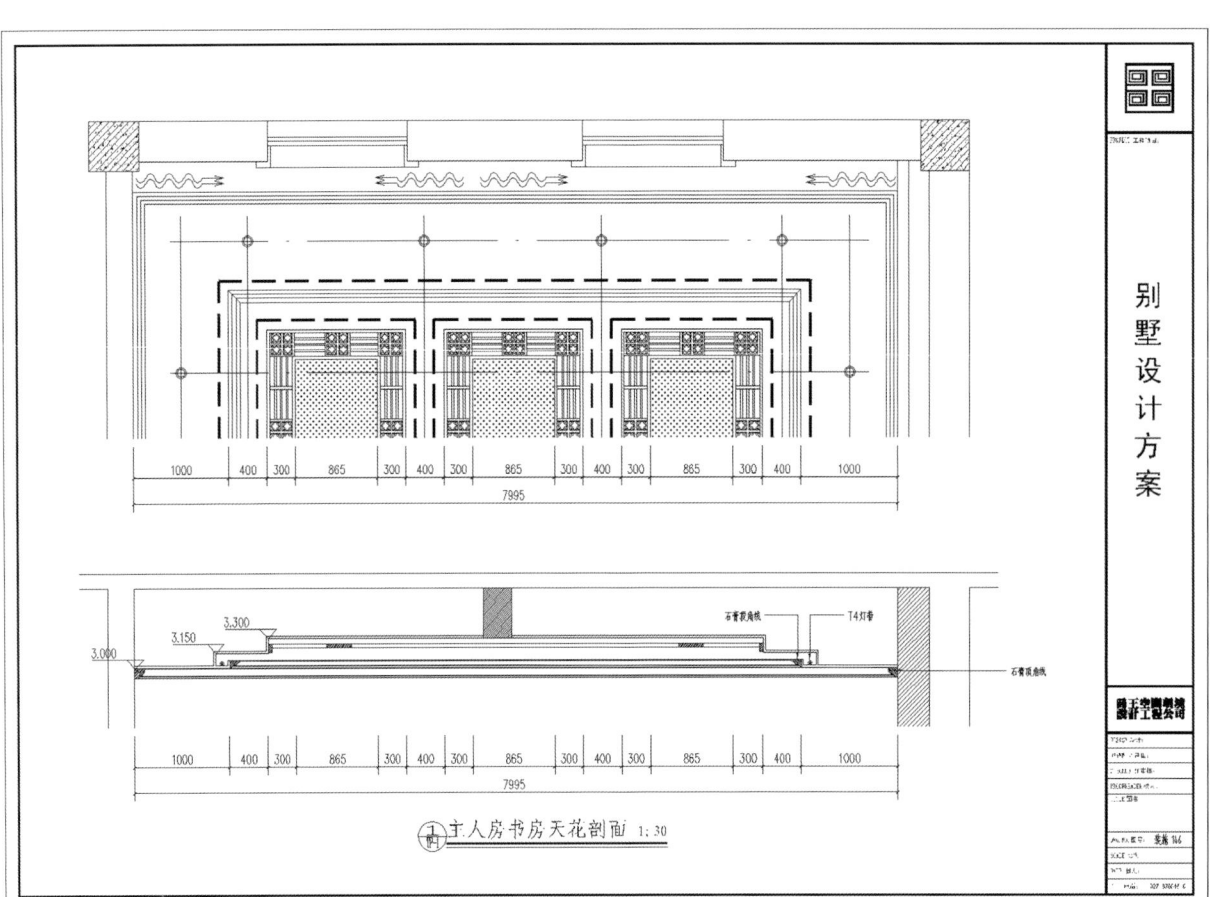

主人房书房天花剖面 1:30

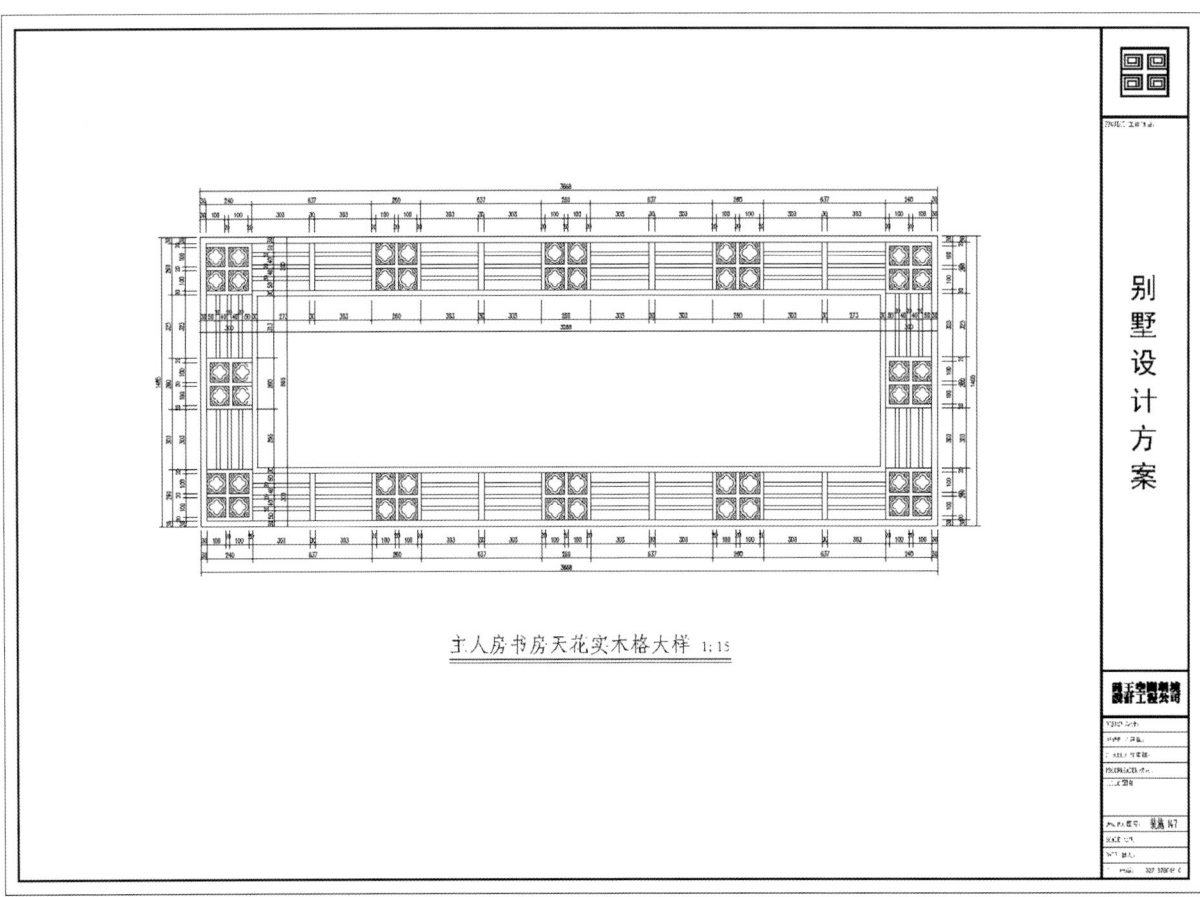

主人房书房天花实木格大样 1:15

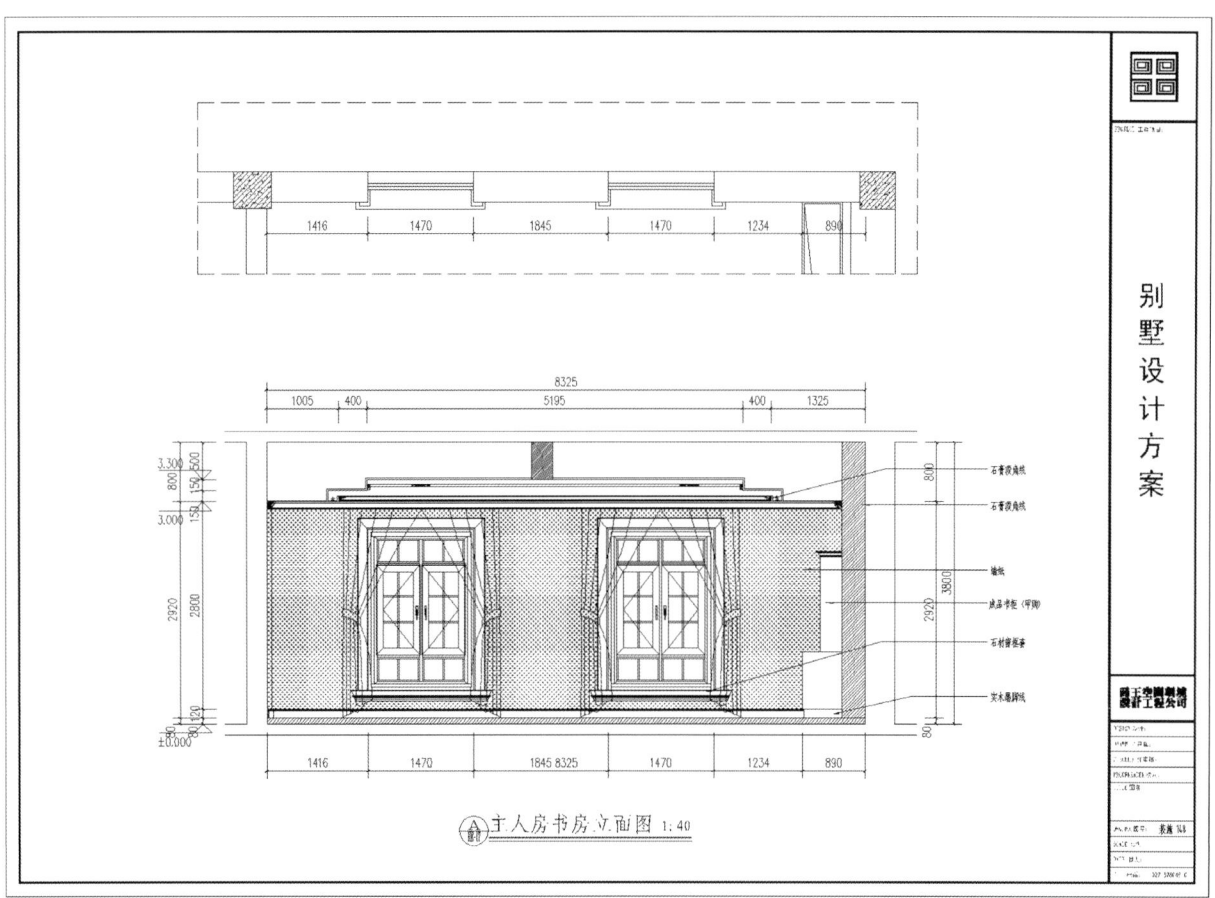
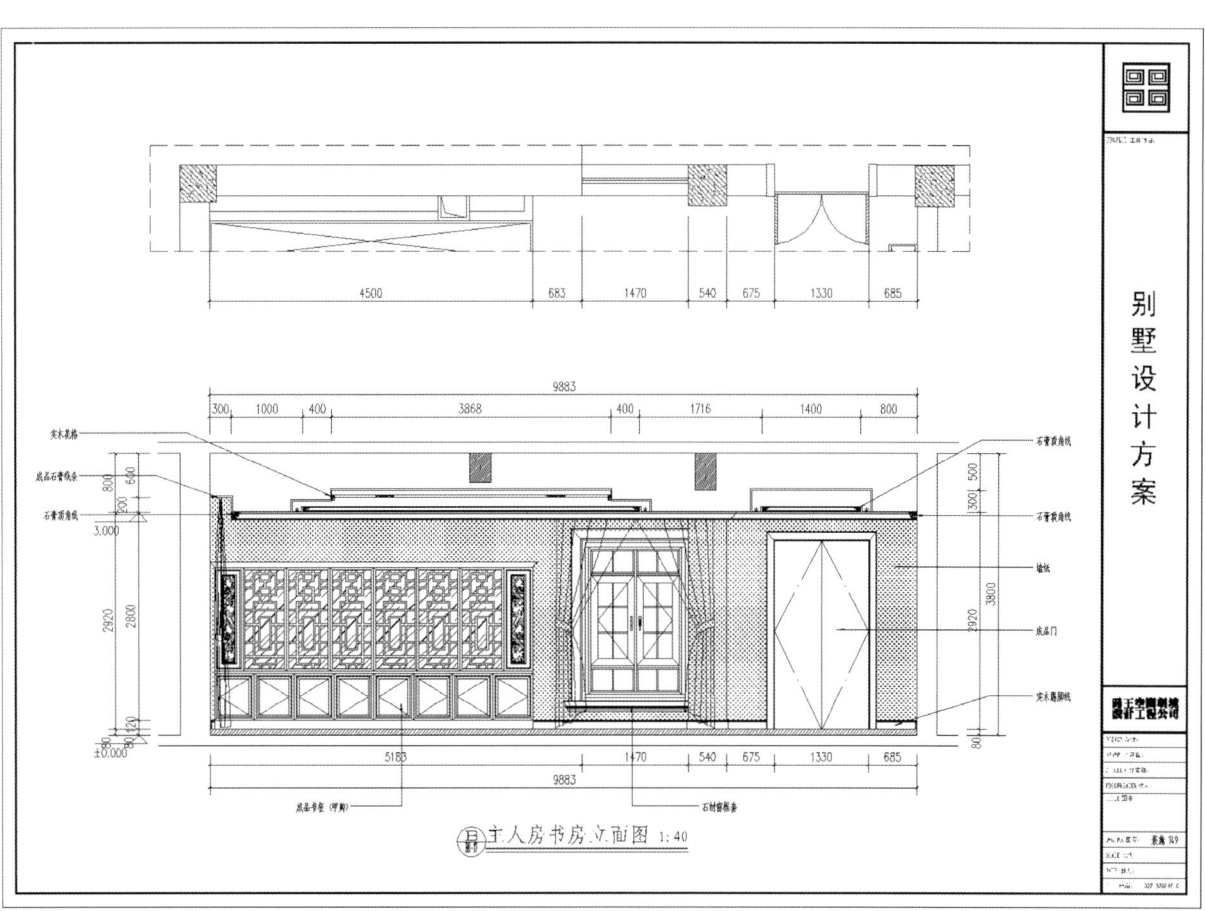

别墅设计方案
8330
1320
4005
590
1400
1015
石膏顶角线
石膏顶角线
墙纸
实木踢脚线
3229
850
1361
400
2490
装饰挂画
成品门
屏风（甲购）
主人房书房立面图 1:40

别墅设计方案
745
1180
760
530
2090
2400
2177
9883
800
1400
1716
4667
1000
300
实木花格
石膏顶角线
窗帘盒
石膏顶角线
银镜
实木线条造型
云石
实木踢脚线
705
1260
1520
600
5497
成品门
墙纸
云石
实木花格
液晶电视（甲购）
成品电视柜（甲购）
主人房书房立面图 1:40

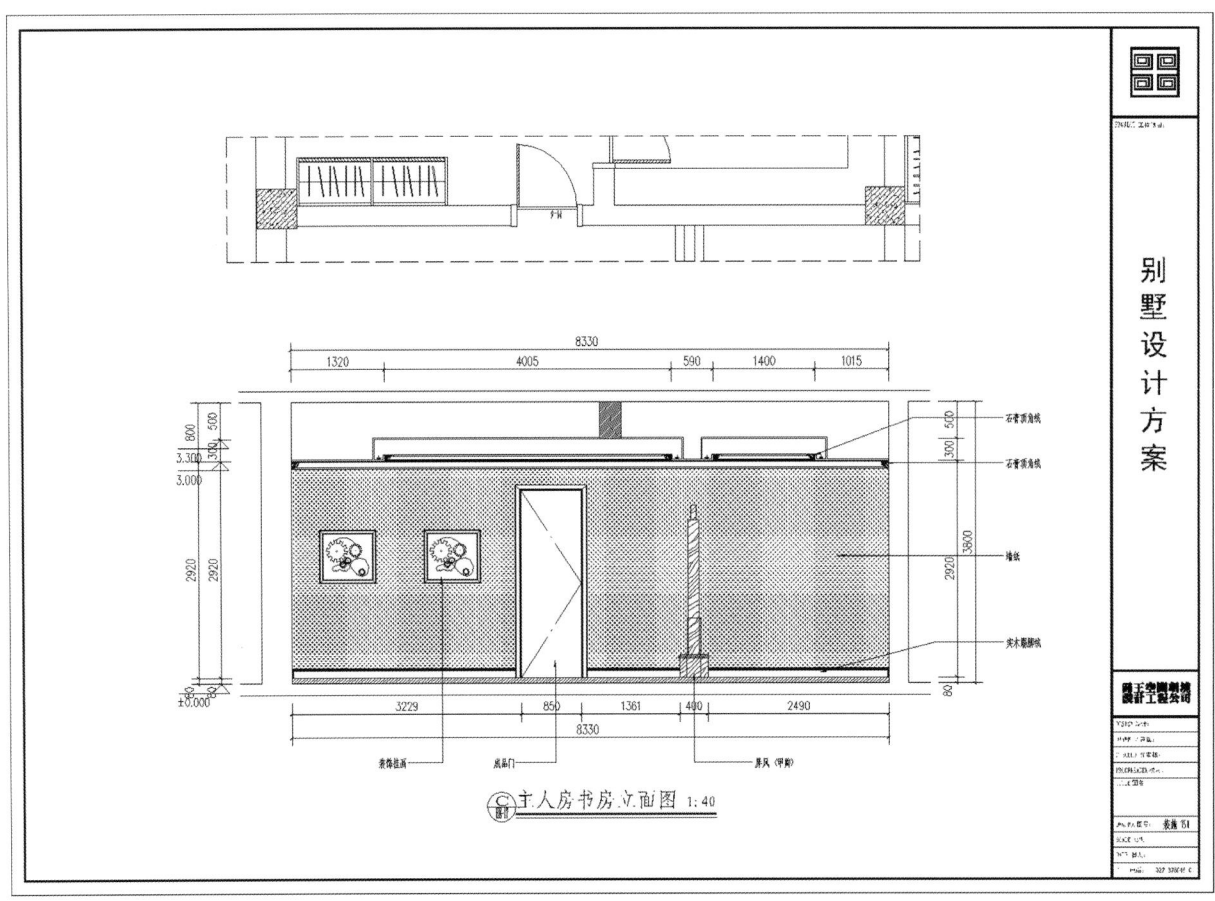

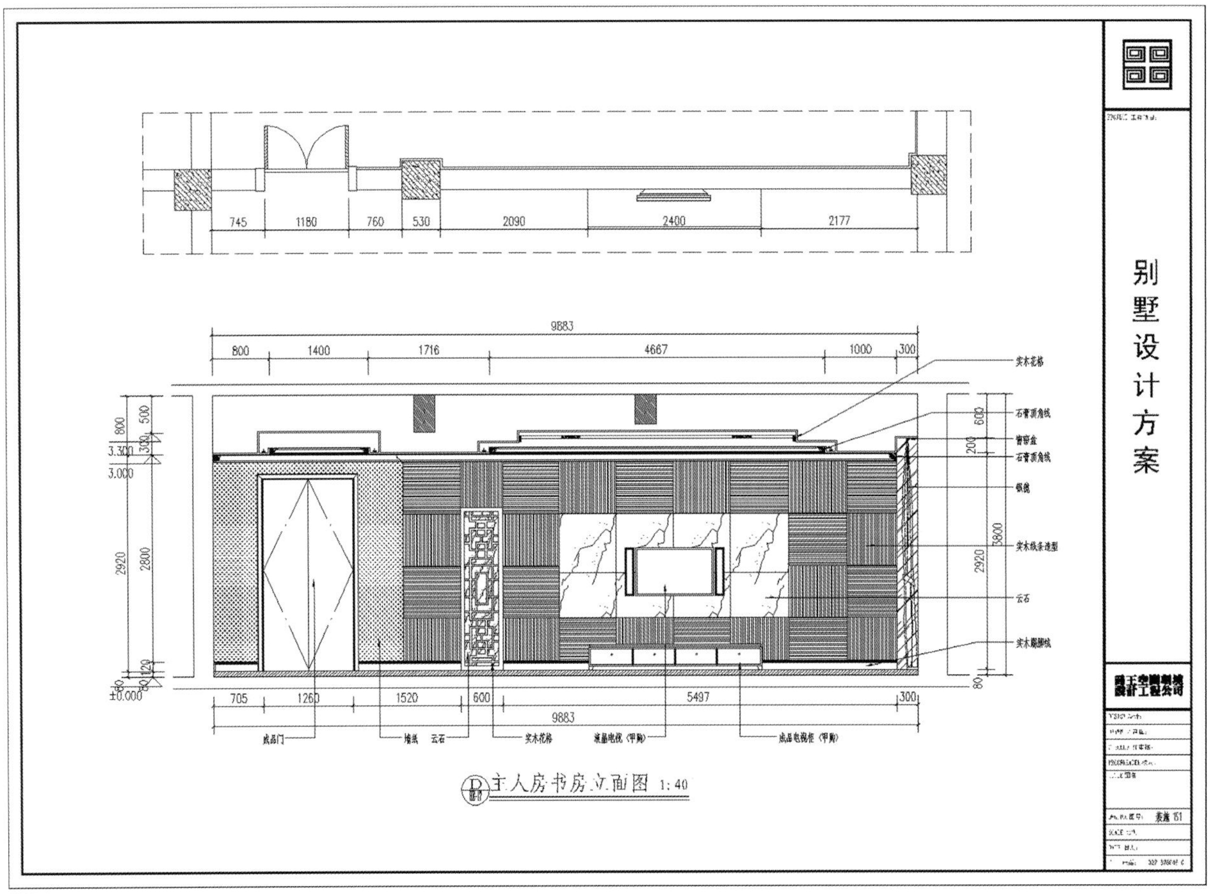

居住建筑室内设计与施工 | Residential Interior Design and Construction

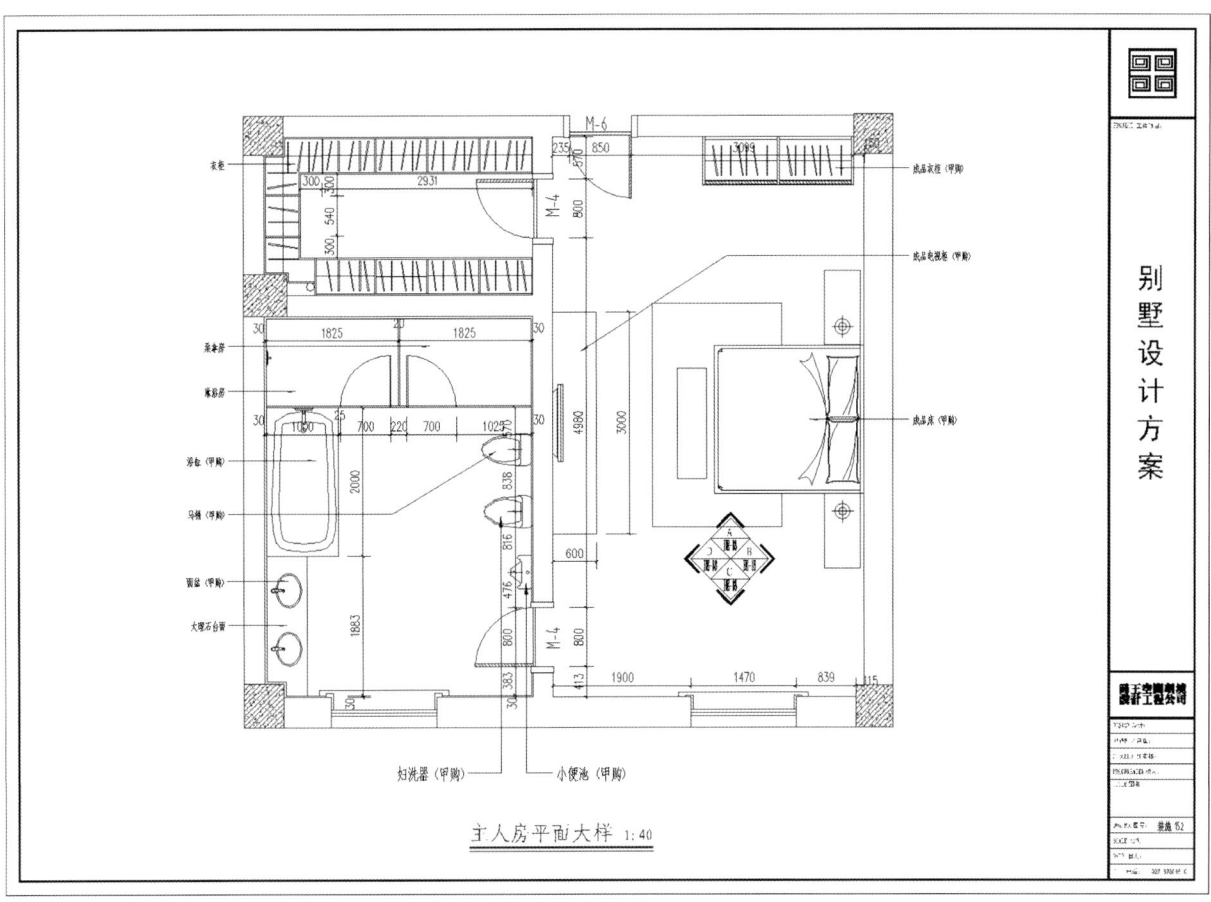

主人房平面大样 1:40

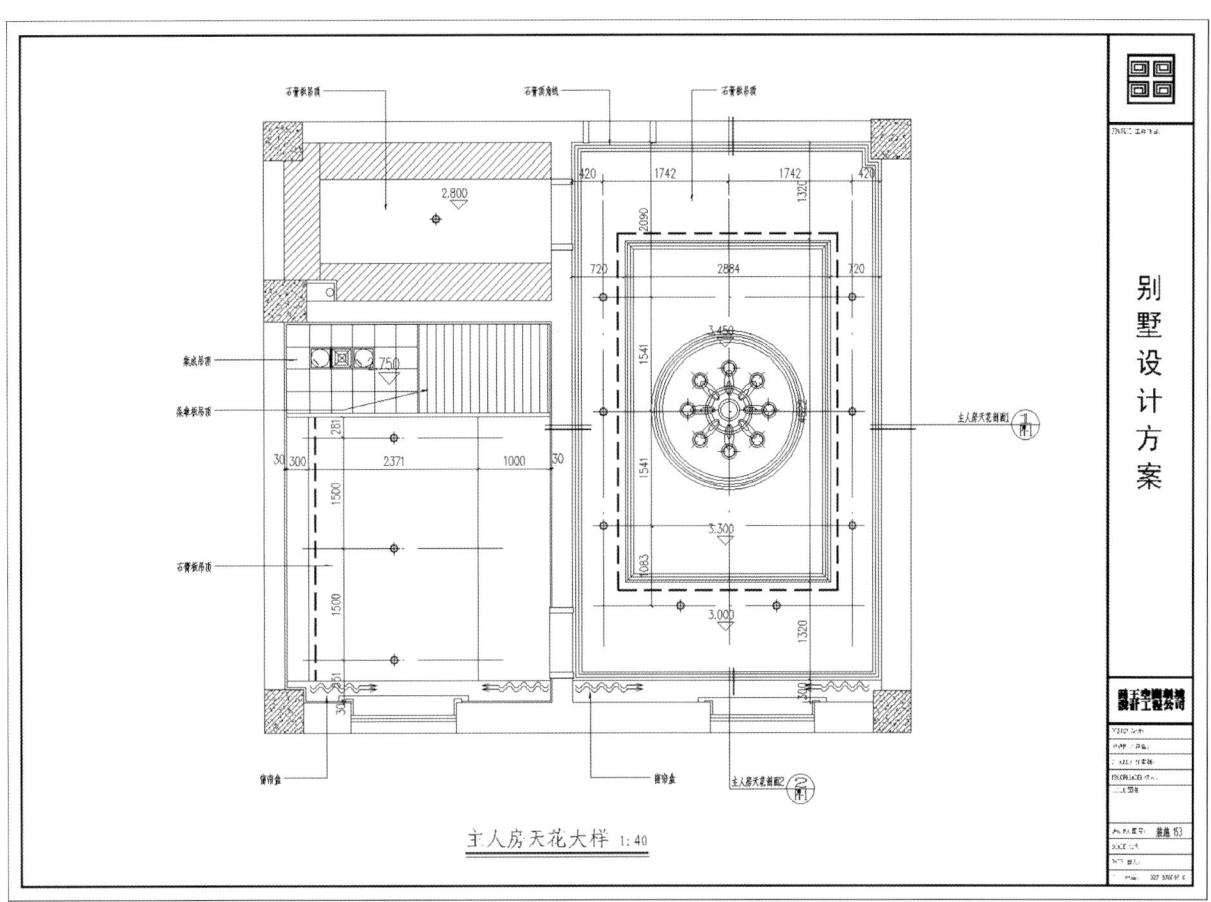

主人房天花大样 1:40

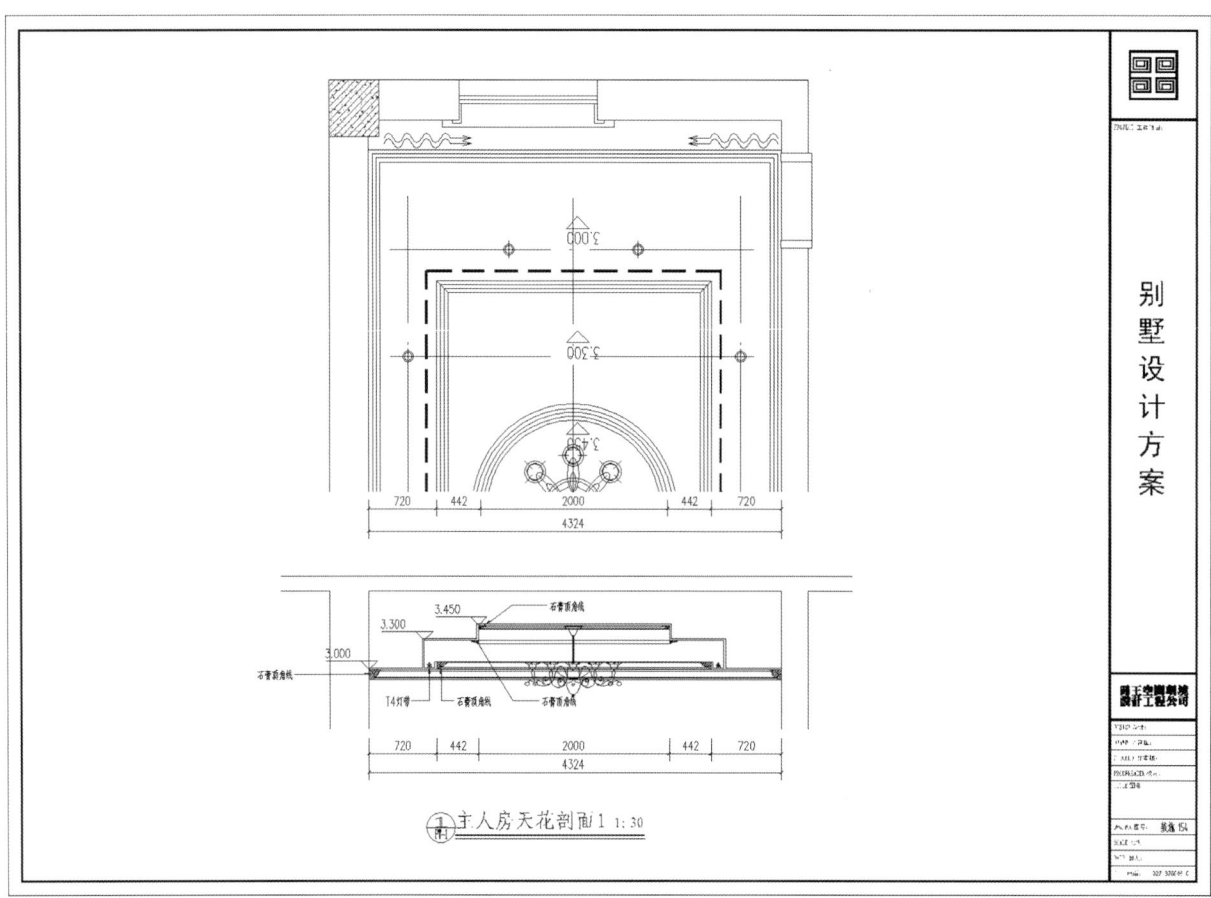

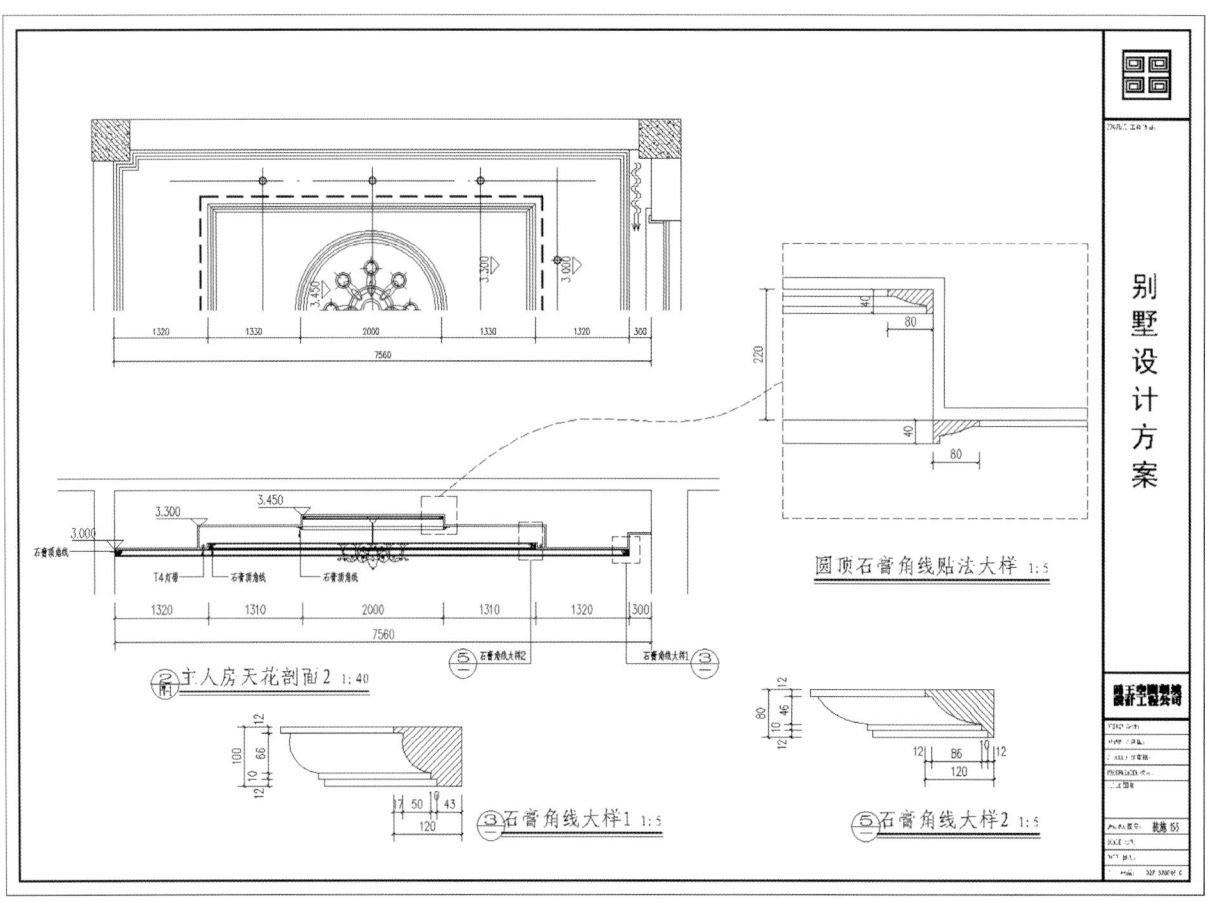

居住建筑室内设计与施工 | Residential Interior Design and Construction

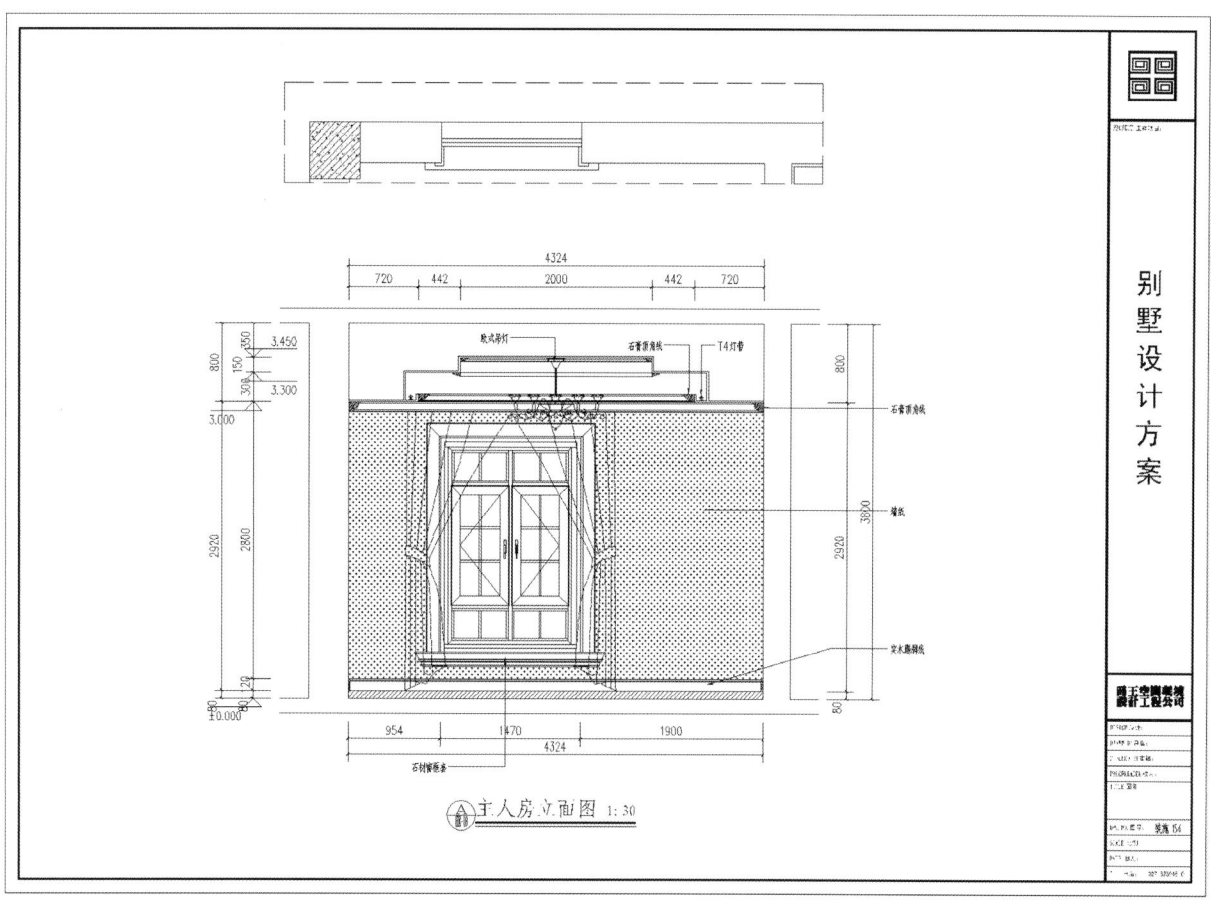

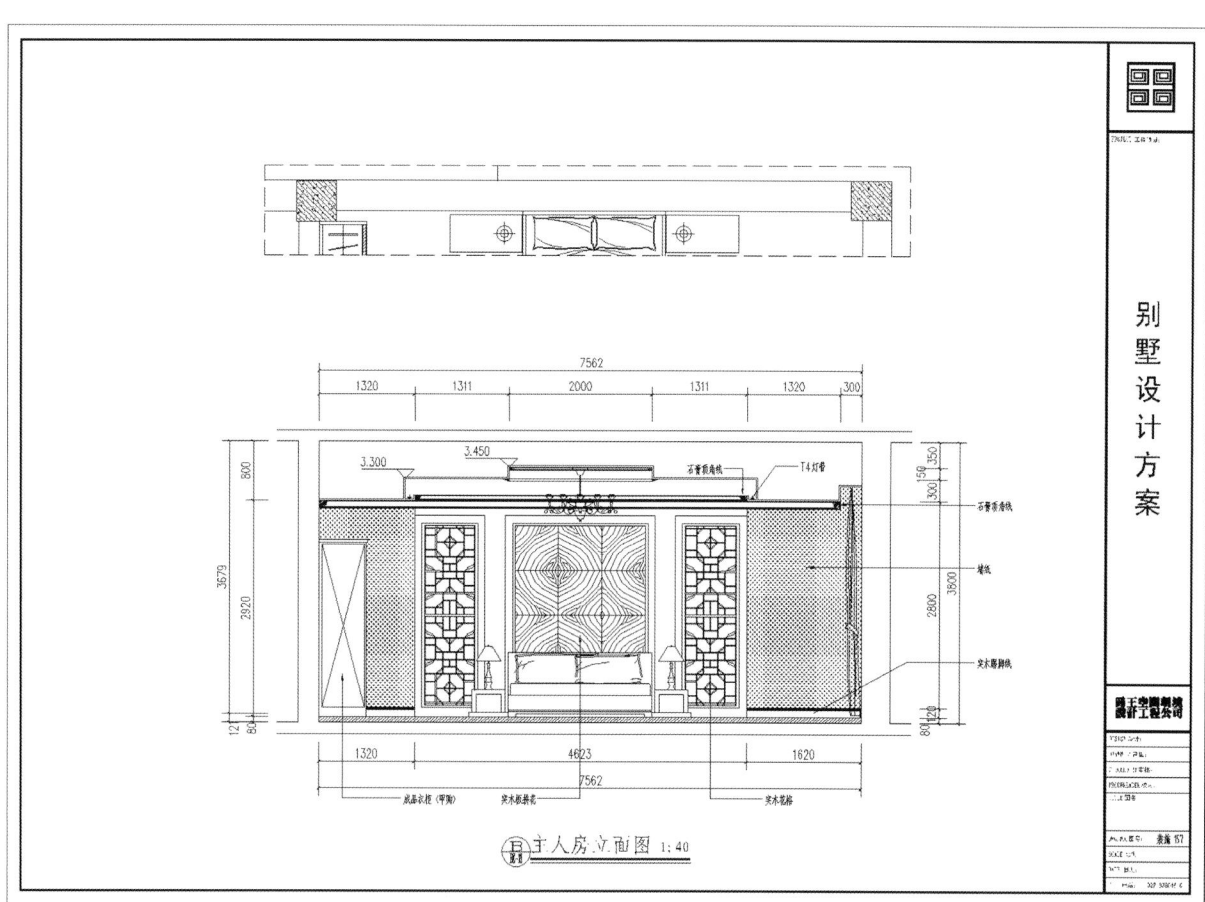

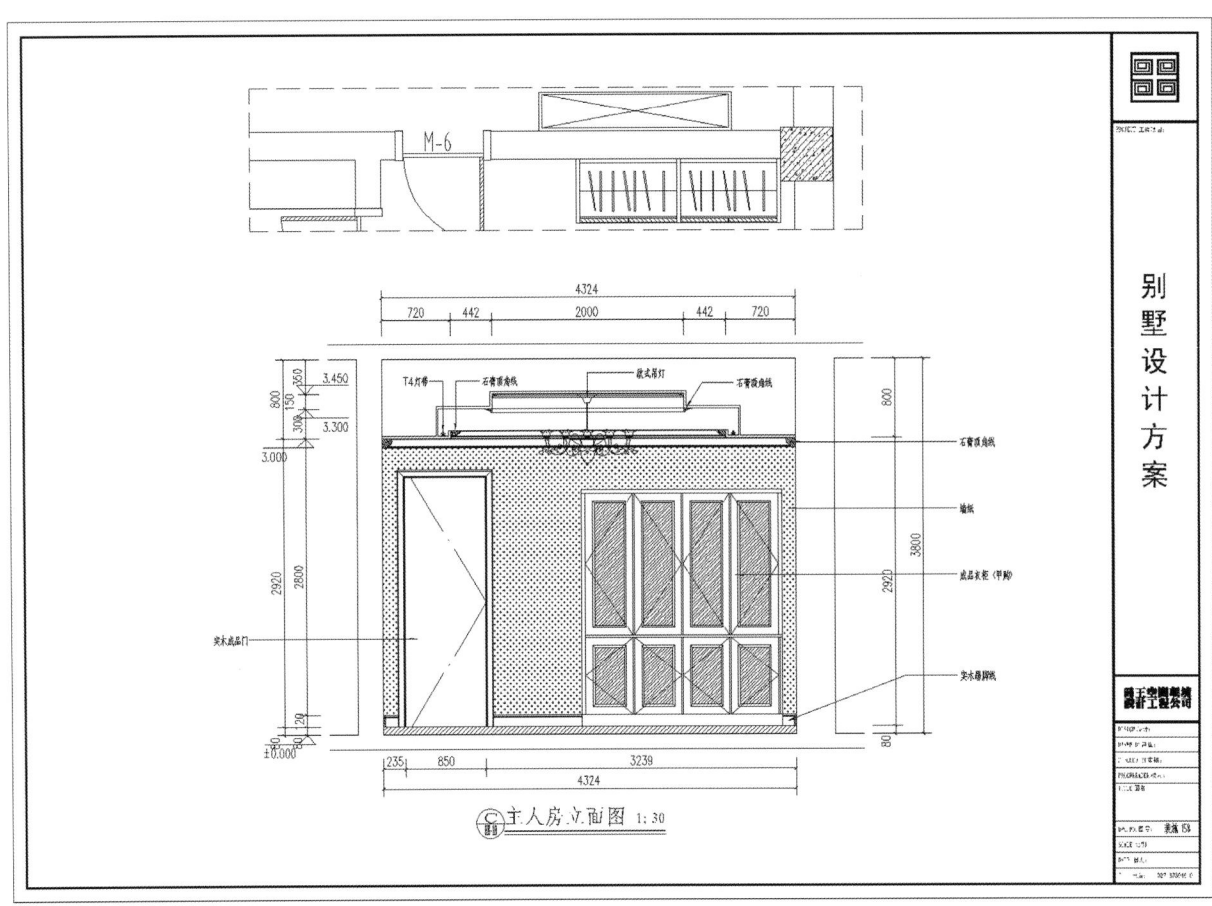

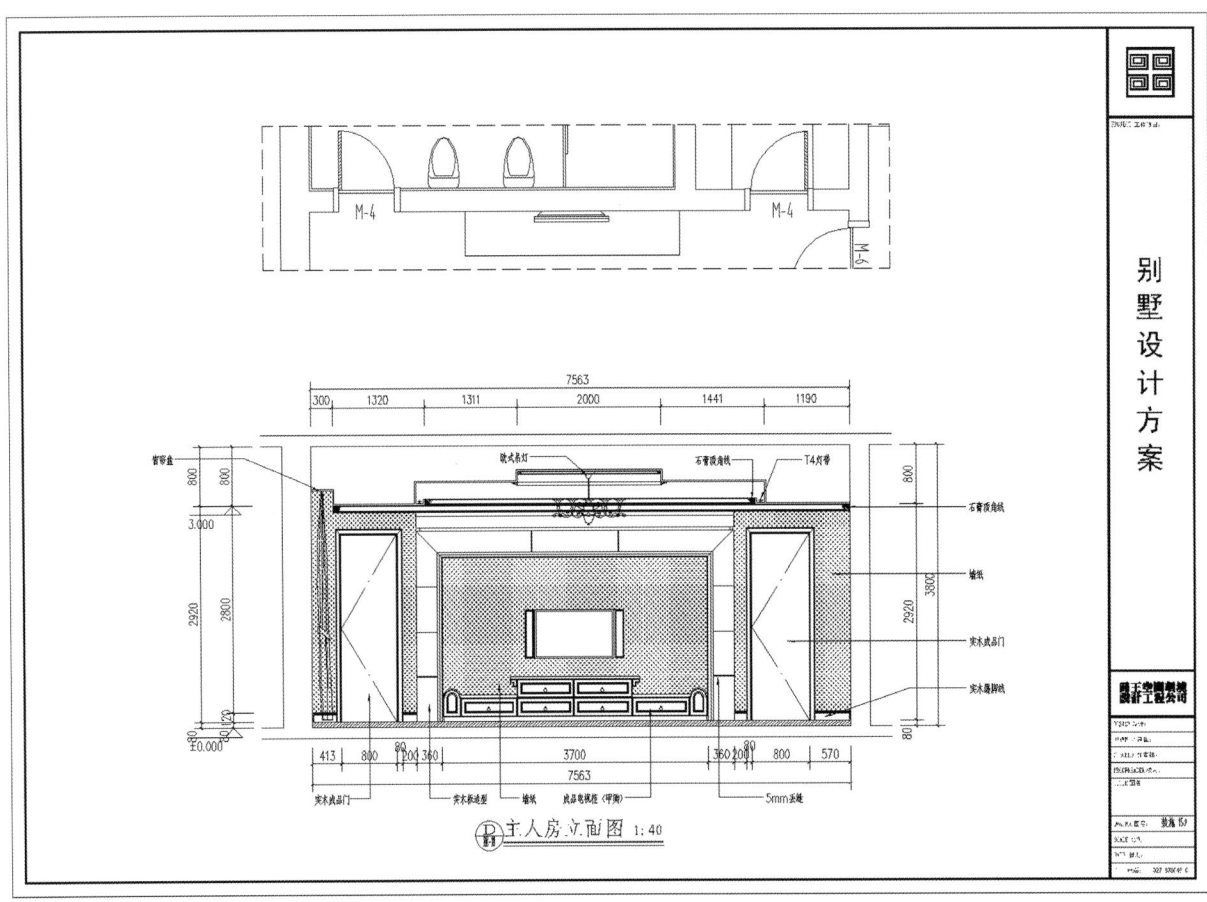

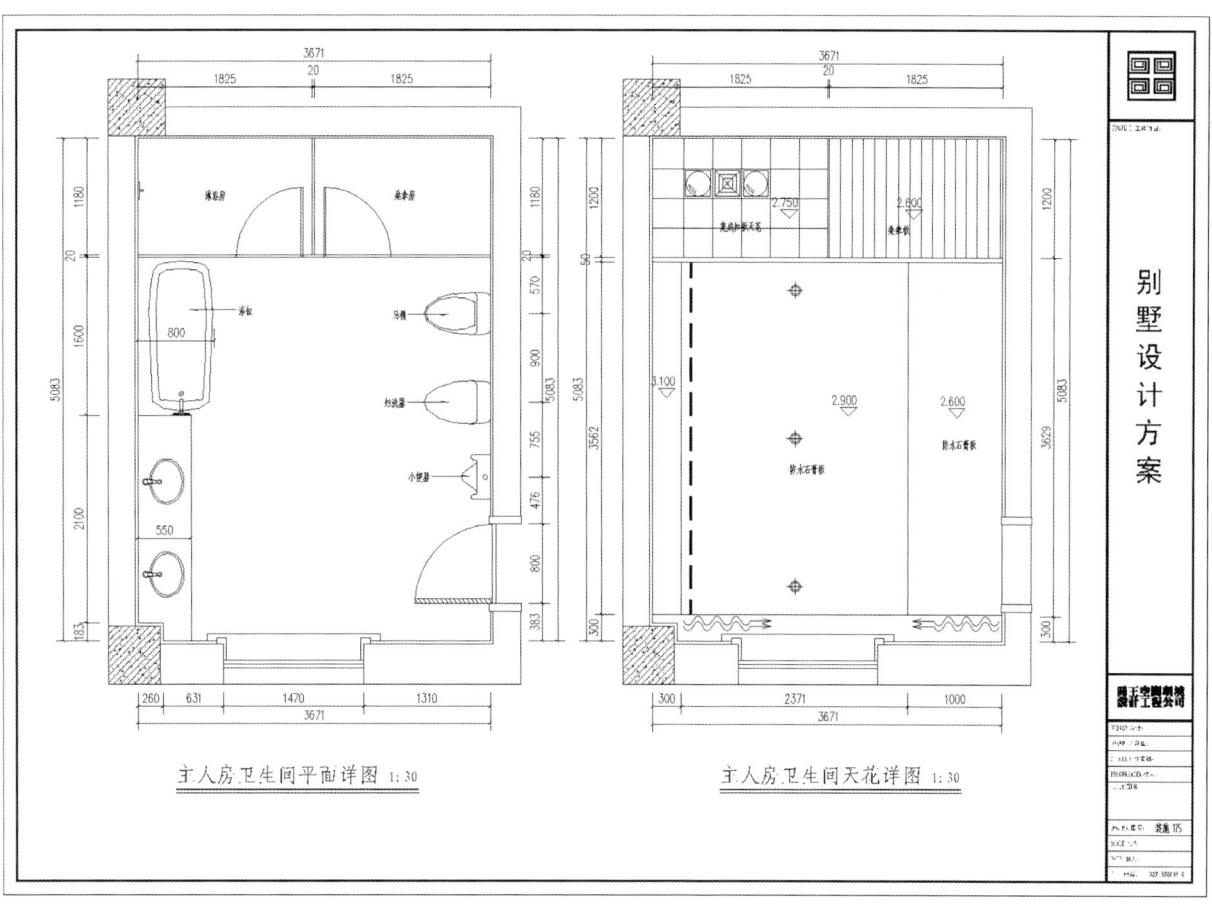
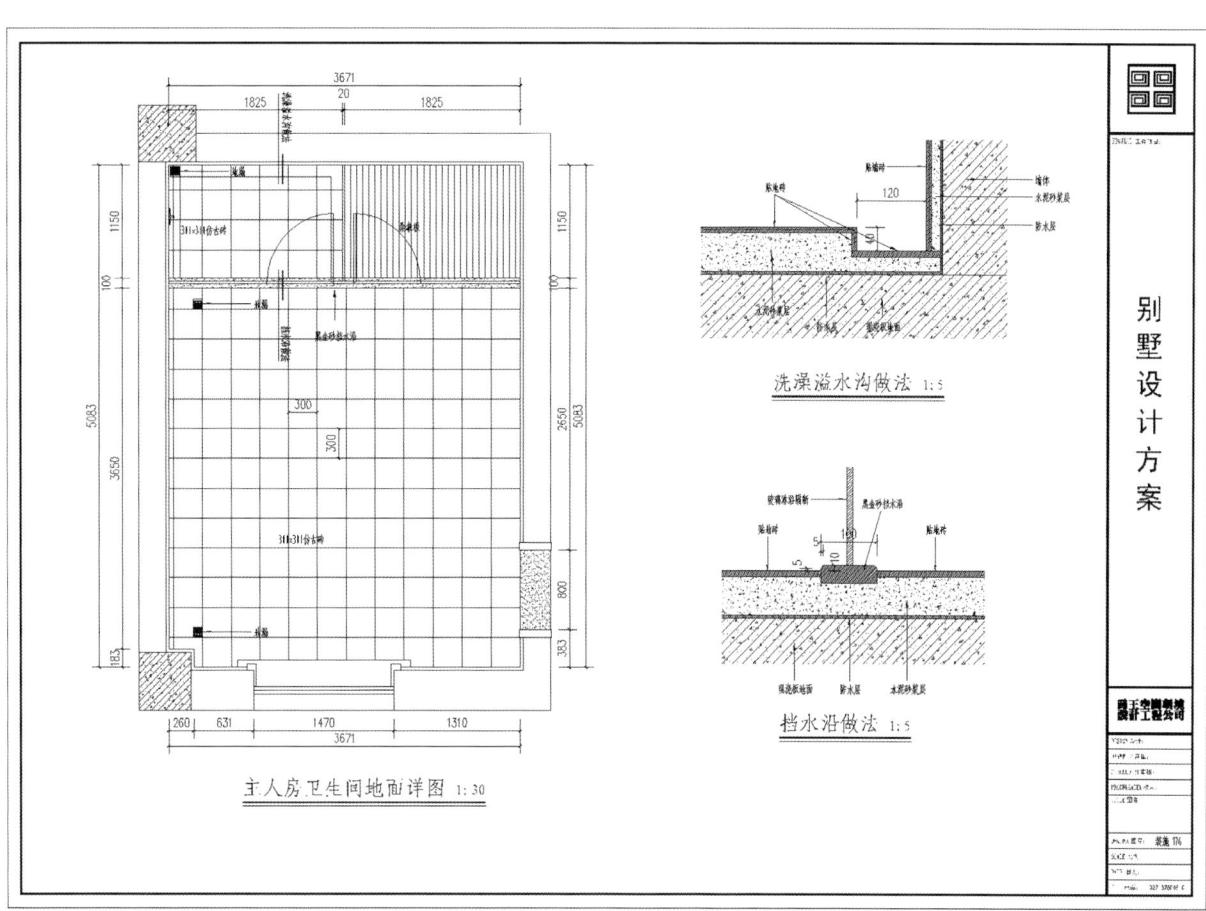

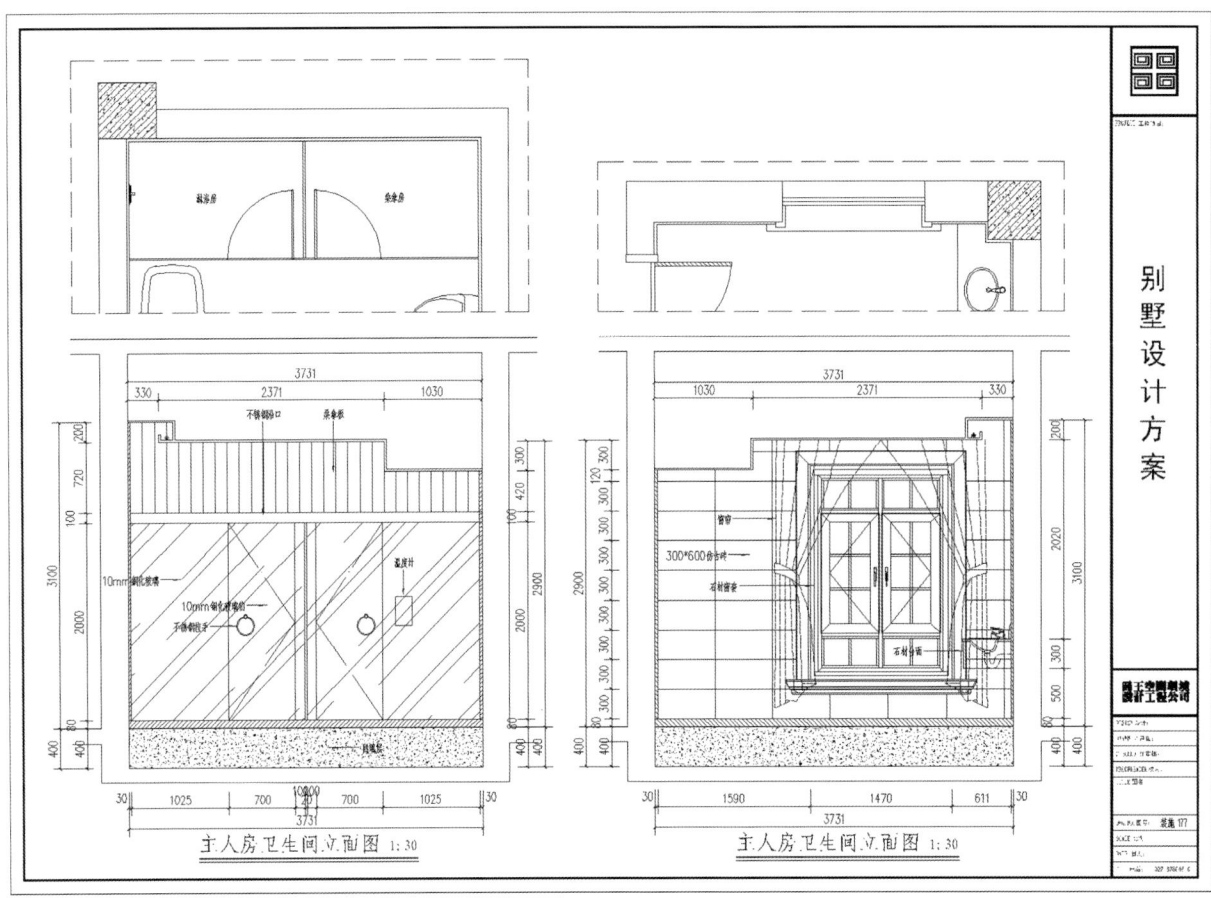
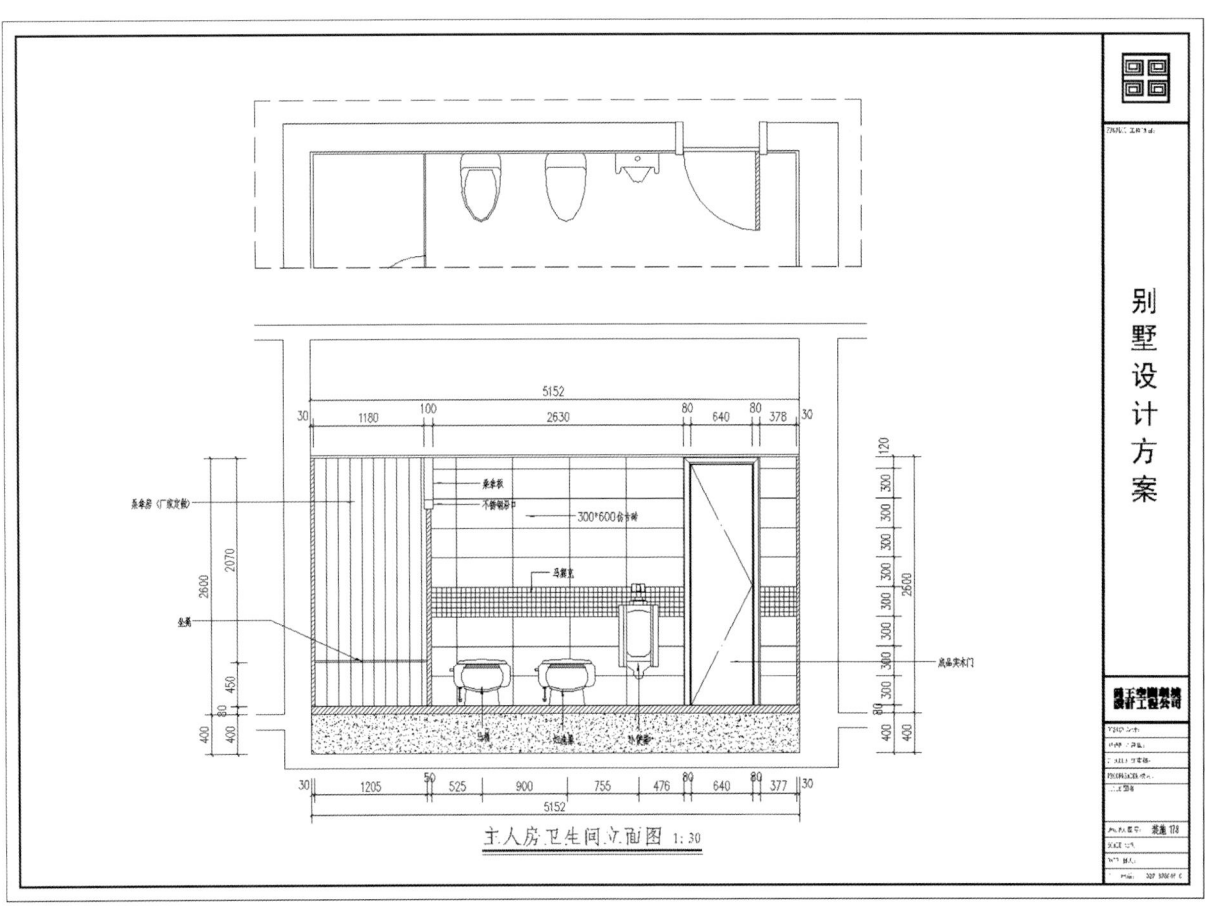

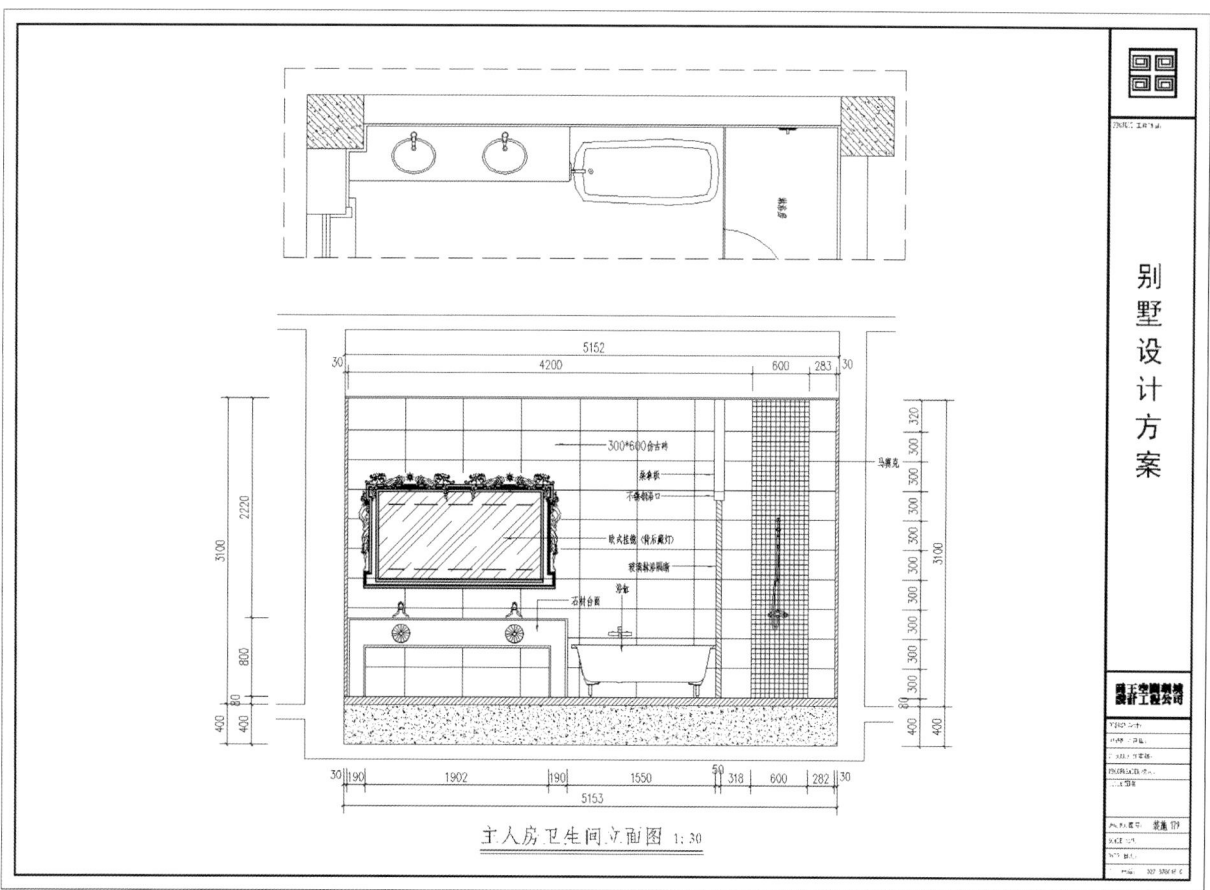

主人房卫生间立面图 1:30

结语：对住宅空间的未来一起畅想

　　住宅是人类最早的建筑，也是与人类关系最为密切的建筑，它同样需要与时俱进，跟随时代的脚步，应用现代的高新技术，更好地为人类服务。当今社会，人们更加注重住宅空间的自然性、生态性和科技性。

　　我们可以设想一下，在忙碌的工作结束后，当你驾驶着汽车行驶在回家的路上，你只需通过手机就可以对家中的一切进行预先设定。空调开始对室内进行温度调节，电饭煲、饮水机开始工作。当汽车慢慢驶近院门，院落大门打开，汽车慢慢驶入。车库门随即开启，车库内灯光也亮起。当你回到被"青山绿水"包围的家中，就可以享受扑鼻香味，感受适宜的室温。冲上一杯热腾腾的绿茶或咖啡，在舒缓的背景音乐中，惬意地躺在沙发上。四周这些被精心打理的花草，在这一刻更加清新怡人。当和家人共进晚餐的时候，除餐厅外，其他区间灯光渐渐暗下直至关闭。餐厅的灯光渐渐亮起来并呈现出晚餐的灯光模式场景，萨克斯轻音乐渐渐响起，在浪漫的乐曲中享受美食。用过晚餐，小憩片刻后，走进客厅可以享受家庭影院带来的视听愉悦的感受。电动窗帘开始慢慢关闭，幕布徐徐垂落，影院的背景反射灯慢慢亮起，周围的灯光徐徐暗下，充满震撼的音响效果和场景灯光的视觉效果，可以让你体会身临其境的感觉。当你准备睡觉时，通过遥控器控制卧室内的灯光亮起，窗帘渐渐合上，其他的灯光、用电设备依次关闭。第二天清晨，当您从睡梦中醒来，窗外的鸟儿合声欢唱，它们正在给您道声早安呢！

　　这种未来住宅不会仅仅是人们美好的设想。目前，建筑师基本上完成了利用IT技术作为设计工具的转变，不久的将来建筑师也必将完成在建筑功能中自觉应用IT技术的转变。总之，追求安全、良好的住宅室内环境这一最终目的对住宅室内设计提出了更高的要求，室内设计师不论在设计观念与方法、材料设备与技术，还是在施工工艺和物业运行管理，都应自觉运用现代高科技成果，以节能、生态和环保的根本为出发点，住宅室内设计的未来才会有更深远的意义。

参考文献

1 张书鸿. 室内设计概论. 武汉：华中科技大学出版社，2007
2 严明华. 室内隐蔽工程基础. 北京：中国建筑工业出版社，2004
3 中华人民共和国建设部. 建筑工程施工质量验收统一标准. 北京：中国建筑工业出版社，2006
4 中华人民共和国建设部. 建筑给水排水及采暖工程施工质量验收规范. 北京：中国建筑工业出版社，2002
5 张彦艳. 住宅智能化设计与研究：[学位论文]. 北京：建筑工程学院，2008
6 谭长亮. 居住空间设计. 上海：上海人民美术出版社，2006

作者简介：

王梦林，1963年6月出生于湖北武汉，1991年毕业于中国美术学院，并于次年在湖北工业大学艺术设计学院任教，1993年环境艺术设计专业开设后，担任环境艺术系主任、教授、硕士生导师和学术带头人等职位，荣获多种设计奖项。

2001年设计作品《住宅系列-01号》获中国室内设计大赛优秀奖；

2002年指导学生设计作品《住宅空间》获亚太地区室内设计大赛金奖；

2003年获得中国建筑室内资深设计师资格；

2004年任湖北省艺术设计教育委员会理事；

2005年指导学生设计作品《拳礼》获中国拳王争霸赛奖杯设计大赛金奖；

2006年获得武汉大学硕士学位；

2008年获得中国古瓷器鉴定师的资格；

2009年任华中科技大学武昌分校特聘教授；

2009年获得湖北省美学研究会理事。

从事设计教育期间，发表学术论文近四十篇，主编教材《空间创意思维》，指导的论文多次获得湖北省教育厅优秀论文奖。本人倡导设计教育与实践相结合，完成近百项室内和景观工程设计项目，有丰富的工程施工经验。